罪案终结

破案专家的超级推理法

周婷◎著

中国法制出版社
CHINA LEGAL PUBLISHING HOUSE

CASE CLOSED

前言

推理能力，就是用敏锐的思考分析、快速的头脑反应，迅速地透过复杂的线索，直达问题的核心，并在最短的时间内得出正确结论的能力。它就像是一种智慧的体操，可以让我们的思维不断得到强化，能力不断得到提升。无论是在工作还是生活中，善于推理都将让我们从平庸逐渐走向卓越，并能够赢得成功的人生。

当然，如同任何一种能力一样，推理能力的提升也离不开系统性、长期性、反复性的训练，特别是要接受实践的检验，才能在遇到问题时自然而然地展现出自己高超的推理能力。不过，对于大多数人来说，由于推理的方法众多，规则难懂，学习和训练起来都具有相当大的难度。对此，我们不妨向世界各地的破案专家取经，学习他们经常使用的一些推理方法。

对于破案专家来说，他们无论面对多么离奇古怪、复杂迷离的案情，都能够表现得思维敏捷、逻辑清晰，能够快速分析出破解案情的关键，这正是因为他们拥有丰富的推理知识，再加上常年办案经验不断积累，使他们能够熟练、自如地运用推理方法，让案情一目了然。所以向破案专家学习，无疑是提升推理能力的一个非常好的捷径。

为了让读者在尽情领略破案专家的超级推理能力的同时培养自己的推理脑，我们特别推出了这本《罪案终结：破案专家的超级推理法》。书中精选了九种最具代表性的也是破案专家们最常使用的推理方法，其中包括三段论推理法、假言推理法、选言推理法、二难推理法、联言推理法、逆向推理法，等等。

在编写本书的过程中，我们注意到市场上的一些同类书籍要么只注重讲解理论，使得读者的阅读过程枯燥乏味，毫无乐趣；要么只偏重“讲故事”，缺少科学、精确的推理方法分析，使得读者在阅读后无法获得实质性的推理能力的提升。所以在编写本书时，我们注意规避了这些问题，既不会一味地讲解一些猎奇性质的案件故事，也不会一味对读者灌输深奥的理论知识，而是力求通俗易懂，并做到了将理论与生动、真实的案件有机结合。

读者在阅读本书时，首先会了解到每一种推理方法的具体特点以及使用时的注意事项，之后再辅以经典案例指导，这些案例中很多都来源于真实的案发现场或审讯现场，这样才更能让读者体会到现实中的破案专家是如何通过推理解决一个又一个或奇特、或平凡的案件，制伏一名又一名狡猾的犯罪嫌疑人的。跟随着破案专家的思路，读者自己也可以尝试将学到的理论运用到案件分析中，从而可以在不知不觉中记住、学通理论知识，并能够做到运用自如。

我们衷心地希望读者在阅读本书后，能够自然而然地养成从推理的角度分析问题的好习惯，并能够演绎出问题最科学的解释方法。之后无论是处理工作上的难题、进行谈判或辩论，还是参加企业面试、公务员、MBA等各类考试，都能做到轻松、从容地应对，并能够像书中的众多破案专家一样，展现出推理大师的风采。

需要指出的是，为了保护受害人的隐私以及不影响破案专家正常的工作和生活，本书中采用的案例涉及的人物一律使用化名，如有雷同，纯属巧合。

最后，请允许我们向广大奋战在侦查现场的破案专家致以真诚的敬意，并向在本书写作过程中提供无私帮助的专家、民警表示万分感谢。

CASE 罪案终结
破案专家的
超级推理法

目录

第一章　三段论推理法 / 001

第一节　由真命题出发，构筑完整推理链 / 003

第二节　不关心孩子的母亲 / 015

第三节　被害人是何女士吗 / 017

第四节　伪造现场的从犯 / 018

第五节　受伤的抢劫犯 / 020

第六节　鞋印与血迹 / 022

第七节　嫌疑人的诡辩 / 023

第八节　“上吊”自杀的妻子 / 025

第九节　弹孔透露的秘密 / 026

第十节　血型的疑问 / 028

第二章　假言推理法 / 031

第一节　立足条件关系，谨慎做出判断 / 033

第二节　神秘的凶器 / 040

第三节　火车站嫌疑人 / 042
第四节　冰湖谋杀案 / 043
第五节　树林中的尸体 / 045
第六节　触电身亡的丈夫 / 046
第七节　未写完的遗书 / 048
第八节　明星自杀之谜 / 049
第九节　送餐员的罪恶 / 051
第十节　从大厦射出的子弹 / 053
第十一节　失窃的玉器 / 055

第三章　选言推理法 / 057
第一节　借助多种推测，缩小问题范围 / 059
第二节　商场盗窃案 / 066
第三节　女议员之死 / 068
第四节　香烟的证明 / 069
第五节　谁是嫌疑人 / 071
第六节　逃犯的母亲 / 073
第七节　被移动的女尸 / 075
第八节　农药中毒事件 / 076
第九节　花园谋杀案 / 078
第十节　疑案真凶 / 080
第十一节　灭门惨案的凶手 / 082

第四章　二难推理法 / 085
第一节　制造“二难”陷阱，让对方进退维谷 / 087
第二节　装聋作哑的嫌疑人 / 094
第三节　狡猾的偷车贼 / 096

第四节　冒领钱包的男子 / 097
第五节　金额不明的美金 / 100
第六节　流窜犯的惋惜 / 101
第七节　雇凶杀夫 / 103
第八节　兄弟遗产纠纷 / 104
第九节　心术不正的高利贷者 / 107

第五章　联言推理法 / 109

第一节　收集真实信息，得出可靠结论 / 111
第二节　绑匪的阴谋 / 115
第三节　消失的凶器 / 116
第四节　狮子的微笑 / 118
第五节　肇事逃逸案件 / 120
第六节　高中教室失窃案 / 121
第七节　停电中毒事件 / 124
第八节　无名尸体的身份 / 126

第六章　归纳推理法 / 129

第一节　发现现象共性，找出普遍规律 / 131
第二节　疯狂的盗窃犯 / 138
第三节　离奇的村民中毒事件 / 140
第四节　高层住宅失窃案 / 141
第五节　假冒“富二代”的诈骗犯 / 143
第六节　商业机密泄露事件 / 145
第七节　露出马脚的扒手 / 146

第七章　类比推理法 / 149

第一节　寻找相似之处，找出案件突破口 / 151

第二节　特大车站盗货案 / 158
第三节　夜间拦路杀人案 / 159
第四节　踹门入室盗窃案 / 161
第五节　坠楼的好友 / 162
第六节　喜欢“洗晦气”的窃贼 / 163
第七节　豪车“碰瓷”系列案件 / 165
第八节　劫匪的鞋子 / 166
第九节　时隔三年侦破的悬案 / 168

第八章　逆向推理法 / 171
第一节　从结果倒推原因，能够出奇制胜 / 173
第二节　夜半敲门声 / 181
第三节　溺水事件的真相 / 183
第四节　奇特的劫机案 / 184
第五节　凶案现场的竹筐 / 186
第六节　假冒运钞车 / 187
第七节　底特律连环爆炸案 / 189
第八节　误杀还是谋杀 / 190
第九节　自导自演的博物馆馆长 / 192
第十节　不翼而飞的手机 / 193

第九章　发散推理法 / 197
第一节　打破思维界限，迸发奇思妙想 / 199
第二节　没有脚印的凶手 / 213
第三节　逃脱的抢劫犯 / 214
第四节　动物园里的失窃案 / 215
第五节　不在场证据 / 216

第六节　奇怪的毒杀案 / 218

第七节　失踪的百万遗产 / 219

第八节　是什么引爆了天然气 / 220

第九节　用口红写下的字母 / 222

第十节　不告而别的未婚夫 / 224

第十一节　不翼而飞的赎金 / 226

第一章

三段论推理法

第一节　由真命题出发，构筑完整推理链

哲学家的推理：理解三段论

在很多人的思维中，可能会觉得推理是一种非常复杂的脑力活动，是普通人很难达到的一种思想的高度。可事实上，如果你耐心地去学习，就会发现推理一点也不神秘。以下将要介绍的“三段论推理法”就是一种非常简单的推理判断，它被称为“人类最基本的逻辑推理方法”，不光被专业的破案专家广为应用，还能为普通人的学习、工作和生活提供很多帮助。

三段论是一种非常古老的推理方法，它是由古希腊哲学家、思想家、逻辑学家亚里士多德首先提出的。所谓三段论，你可以简单地理解为三句话，它们分别是大前提、小前提和结论。大前提是一个具有一般性的判断或描述，而小前提是一个具有特殊性、个别性的判断或描述，而结论则是将大前提应用于小前提之上而得到的。

如果你对“前提”“结论”这样的概念还比较懵懂，那么我们一起来看一个有趣的故事，三段论的推理方法就会变得十分清晰了。

相传古希腊哲学家苏格拉底非常喜欢推理和思考。有一天，有一个学

生问苏格拉底："老师，我有一些疑问，希望能够得到您的指教。"苏格拉底对学生的问题是十分欢迎的，马上坐下来认真地聆听。

学生问苏格拉底："老师，我想问您，'所有的人都会死'，这句话对吗？"

苏格拉底不假思索地回答："对的。"

学生又问："老师您是人，对吗？"

苏格拉底对这种听上去没什么意义的问题有点纳闷了，但还是耐心地回答："我当然是人。"

学生脸上露出了狡黠的笑容，对苏格拉底说："所以，老师您也会死，对吗？"

苏格拉底这才知道学生是在跟自己开玩笑，刚开始他有点生气，但认真细想，他发现学生虽然只问了三个简单的问题，可是却体现出了三段论推理法的精神，而且推理的过程也是正确的，所以苏格拉底不但没有批评那个学生，反而将这个推理记录了下来，一直流传至今。

在这个推理中，由大前提"所有人都会死"、小前提"苏格拉底是人"，得出了结论"所以，苏格拉底也会死"。

进一步看，我们还可以将出现在大前提中，同时又在结论中做谓项的词项称为大项，如"死"就是一个大项，习惯上用字母"P"表示；我们还可以将出现在小前提中，同时又在结论中做主项的词项称为小项，如"苏格拉底"就是一个小项，习惯上用字母"S"表示；那么，联系大、小前提的词项就被称为中项，它在前提中出现两次，如苏格拉底推理中的"人"就是一个中项，习惯上用字母"M"表示。

对于破案专家来说，利用这种从大前提、小前提推出结论的三段论推理法，就可以从一些已知的因素得到可靠而正确的判断，能够为案件的侦破工作带来令人惊喜的突破。

比如，在经典推理小说《血字的研究》中，有“神探”之称的福尔摩斯就曾经用三段论巧妙地推理出了凶手的身高。

当时福尔摩斯受命前来勘察一件谋杀案的现场，他只用了很短的时间就断定凶手有六尺多高。他的助手华生对此感到非常不解。

福尔摩斯就耐心地解释道：“一个人的身高，十有八九可以从他步伐的长度上知道……我是在粘土地上和屋内的尘土上量出那个人步伐的距离的。接着我又发现了一个验算我的计算结果是否正确的办法：大凡人在墙壁上写字的时候，很自然会写在和视线相平行的地方。现在壁上的字迹离地刚好六尺。”（摘自《血字的研究》）

在这个案件中，福尔摩斯在验证凶手的身高时，用的就是三段论推理法，他的推理过程是这样的：

大凡（人）在墙壁上写字时会写在和自己的视线相平行的地方；

凶手在墙壁上写字；

所以，凶手会写在与自己的视线相平行的地方。

在这个三段论推理中，我们可以很容易地判断出“凶手”是小项，“写在与自己的视线相平行的地方”是大项，那么“在墙壁上写字”就是中项。福尔摩斯根据大、小前提中大项、小项与中项的联系，推导出了结论中的大项、小项之间的联系。

根据这个推理的结论“凶手会写在与自己的视线相平行的地方”，福尔摩斯只要量一量墙壁上字迹的高度，就可以大致推算出凶手的身高。这样也能够为后期的侦破工作指出一定的范围，可以减少很多不必要的调查工作。

巧用三段论，提升推理能力

三段论对于推理能力的提升有着非常重要的作用。它能让我们的思维变得更加清晰，视野变得更加集中，这样无论是充满疑点的案情还是一些棘手的问题，往往都会赢得突破性的进展。

比如，在下面的这个案例中，一位破案专家就通过三段论推理法帮助无辜者摆脱了嫌疑。

在美国纽约上东区的一所住宅里，某一天突然传来了一阵枪声。警方在接到报警后迅速赶往现场，发现一位中年男子汤姆已经倒在血泊中，而他的妻子，一位年轻迷人的女性凯瑟琳被警方当场抓获，在她手中还有一支刚刚开过的手枪，六发子弹已经全部打空。

案情似乎已经非常明朗，但是在警方逮捕凯瑟琳的时候，她大声疾呼，宣称自己是冤枉的，杀害丈夫的其实另有其人。

一位经验丰富的刑警杰克留心观察了凯瑟琳的表现，觉得这个案子有些蹊跷。杰克首先去找法医做进一步调查，他认为，根据当时凯瑟琳所站的位置，如果汤姆死于她的枪下，子弹就是从正面打中汤姆的身体的。可是经过法医检查，却发现子弹是从汤姆的背后打进去的。杰克由此得出了第一个前提："凶手在受害人背后开枪。"

当晚，杰克又来到了现场，仔细地检查了弹道痕迹，发现凯瑟琳将六发子弹中的五发都打进了对面的墙里，还有一发子弹却不见了。杰克认真观察了四周，发现了窗户上有个破洞，他怀疑那颗子弹被凯瑟琳打出了窗外，总之凯瑟琳没有将一颗子弹打入汤姆的身体。杰克由此得出了第二个前提："凯瑟琳不是背后开枪的人。"

根据这两个前提，杰克得出结论："凯瑟琳不是凶手。"后来，警方通过排查当地的监控录像，果然发现了有可疑人员出没的痕迹。最终结合凯瑟琳的证词，警方抓获了真正的凶手——一个入室抢劫杀人的惯犯，当时他从背后开枪杀死了汤姆，而凯瑟琳在慌乱之中举枪自卫，却一枪都没有打中凶手。

刑警杰克就是根据简单的三段论推理得出了“凯瑟琳不是凶手”的结论，在侦破工作中，这种案例还有很多。我们也不妨将这种三段论推理法应用到自己的工作和生活中去，让自己的推理能力大幅提升。当然，要想像破案专家这样成功地实施三段论，我们还需要遵守一些基本的规则：

1. 只能有三个概念

三段论中不能出现三个以上的概念，否则结论就会出现错误。像这种概念不清的错误也是三段论中最常见的逻辑错误。比如，这样的推理“工人是伟大的，马明是工人，所以他是伟大的”就犯了明显的“四概念”的错误，因为两处“工人”其实并不是同一个概念，前者指的是“工人”这个整体概念，后者却是特指概念，指的是马明的职业，所以由此进行推理，得到的结论也是错误的。

2. 中项至少周延一次

“周延”是一个逻辑学名词，指的是词项的外项是否被全部断定。比如，“所有人都会死”中的中项“人”指的是所有的人，外延被全部断定，所以是周延的。而在“苏格拉底是人”中，这只是针对苏格拉底这个个体进行判断，却没有对全部外延做出断定，所以这里的“人”就是不周延的。

3. 前提中不周延，结论中也不得周延

这个规则要求我们一定要区分概念的外延是否被全部断定，不能随意混用。在具体进行推理的时候，如果大项和小项在前提中不周延，那么结论中也不能周延，这样结论才不会出现逻辑谬误。比如，这个推理“警员需要学习推理知识，我不是警员，所以我不需要学习推理知识”，就出现了逻辑错误。因为大项“需要学习推理知识”在大前提中是不周延的（除警员以外，还有很多人需要学习推理知识），而在结论中却成了周延的（对警员以外的“我”进行了否定判断），也就是说，结论断定的对象范围超出了前提断定的对象范围，所以是错误的。

4. 两个前提不能都是否定命题

如果三段论的两个前提都是否定命题的话，前提中各项的外延会互相排斥，结论的判断就没有说服力了。比如，“李想不是警察，警察都不轻松”，这两个否定的前提就推不出任何结论，因为两句话没有直接的关联，中项“警察”也发挥不了连接作用，想要得出“李想不轻松”的结论是没有道理的。

5. 一个前提否定，结论也要否定

三段论推理的前提有一个是否定的，一个是肯定的，说明大、小项有一个和中项相排斥，有一个和中项相联系，那么大、小项之间的关系也是互相排斥的。又因为结论是对大、小项之间的关系进行判定，所以结论只能是否定的。比如，将上面的两个否定前提改成一个肯定一个否定——“李想是警察，警察都不轻松”，就可以得出一个否定的结论“李想不轻松”，而且这个推理过程也是正确的。

总之，在使用三段论推理法探讨问题的时候，我们必须牢记以上这五个规则，才能通过推理获得更加准确的结论。

掌握格与式，思路更加清晰

为了正确地应用三段论推理法，我们还应当掌握它的格与式，这会让我们在推理时思维更加严谨，也就不容易出现一些逻辑谬误。

1. 三段论的格

根据大项、小项、中项在三段论中出现的不同位置，我们可以把三段论分为四个格：

（1）第一格：由中项所处的位置看，在第一格中，大前提里的中项是主项，小前提里的中项是谓项。用字母来表示就是M–P S–M S–P。第一格也叫作“典型格”“完善格”，因为它最能反映三段论的特点。

比如，“劳动人民都是应该受到尊重的，清洁工人都是劳动人民，所以，清洁工人都是应该受到尊重的”就符合三段论的第一格，其中“劳动人民”是中项M，“应该受到尊重的”是大项P，“清洁工人”是小项S。

（2）第二格：大、小前提里的中项都是谓项。用字母来表示就是P–M S–M S–P。第二格也被称为“区别格”，因为大前提或小前提中要有一个是否定的，而结论也应当是否定的，所以可以用来区别不同的对象。

比如，“所有参会者都必须获得邀请函，张良玉没有获得邀请函，所以，张良玉不是参会者”就符合三段论的第二格。其中“参会者”是大项P，“获得邀请函”是中项M，“张良玉”是小项S，而小前提是否定的，所以结论也要进行否定。

（3）第三格：大、小前提里的中项都是主项。用字母来表示就是M–P

M–S S–P。第三格也被称为“反驳格”，因为它只能得到特殊的结论，经常用来反驳全称命题（描述一类事物都具有某种属性的命题）。

比如，“河蚌的血液不是红色的，河蚌是生物，所以，有些生物的血液不是红色的”就符合三段论的第三格。其中“河蚌”是中项 M，“血液不是红色”是大项 P，“生物”是小项 S。在这个三段论推理中，从大前提和小前提中只能推理出与“有些生物”有关的结论，不能推出与“所有生物”有关的结论。

（4）第四格：中项所处的位置和第一格正好相反，大前提里的中项是谓项，小前提里的中项是主项。用字母来表示就是 P–M M–S S–P。第四格也叫“特殊格”，在实际使用中出现的频率不高，没有什么特殊的用途，此处不再赘述。

为了便于记忆和熟练运用，我们不妨按照下表来掌握三段论的格：

	第一格	第二格	第三格	第四格
大前提	M–P	P–M	M–P	P–M
小前提	S–M	S–M	M–S	M–S
结论	S–P	S–P	S–P	S–P

2. 三段论的式

三段论的大前提、小前提、结论分别是对三种事实进行的判断，而判断有肯定判断和否定判断，还有全称判断（对同一类事物的共同属性进行判断）和特称判断（对一类事物中的个别事物的属性进行判断）等分别，根据这些不同的判断性质，我们就可以把三段论的三个判断用不同的字母 A、E、I、O 来表示，这样也就形成了三段论的“式”。其中，A 和 E 分别代表了全称肯定和全称否定的判断，I 和 O 就代表了特称肯定和特称否定的判断。

比如，“所有的犯罪分子都应当承担法律责任，盗窃犯是犯罪分子，所以，盗窃犯应当承担法律责任”，这个三段论就是第一格 AAA 式的三段论，它的中项“犯罪分子”在大前提中做主项，在小前提中做谓项，同时大前提、小前提和结论都是全称肯定判断。

再如，“过失伤人不是故意犯罪行为，过失伤人对他人有危害性，所以，有些对他人有危害性的行为不是故意犯罪行为”，这个三段论就是第三格 EAO 式的三段论，其中中项“过失伤人”在大、小前提中都做主项，同时大前提是全称否定判断，小前提是全称肯定判断，结论中出现了“有些”，所以是特称否定判断。

对于三段论的每一格，A、E、I、O 这四种判断出现的组合数目可以达到 64 种，那么四个格可能式的组合就有 256 种。不过，众多的组合不一定都是有效的，其中有很多都不符合三段论的基本规则，如像 AAE、EEE、III、OOO 这样的组合就是违反规则的。所以经过筛选，我们只要掌握下表中的这 24 种有效式就可以了。

第一格	第二格	第三格	第四格
AAA	AEE	AAI	AAI
EAE	EAE	EAO	EAO
AII	AOO	AII	AEE
EIO	EIO	EIO	EIO
（AAI）	（AEO）	IAI	IAI
（EAO）	（EAO）	OAO	（AEO）

观察这个有效式表格，我们会发现其中有几个有效式是带括号的，这几个有效式也被称为“弱式”，因为它们只能得出特称的结论，不能得出全称的结论，所以一般也不把它们看成有效式。这样的话，我们平常应用三段论推理时，只要考虑 19 个有效式就足够了。也就是说，想要知道自

己的三段论推理是否符合规则，就可以与上表中的 19 个有效式进行对比，如果能够吻合其中之一，就说明推理过程是准确的。

分辨三段论省略式，谨防浑水摸鱼

在上文中我们已经介绍过，三段论一般包括大前提、小前提和结论这三个部分，在逻辑推理的时候，这三者是缺一不可的。不过，在日常工作和生活中，出于口语的表达习惯，人们有时会很自然地对大前提、小前提或结论进行省略，这样就会形成三段论“省略式”。

比如，有的大前提是大家都认可的真理或约定俗成的惯例，那么省略大前提对于推理过程就不会造成什么影响，就可以对其省略；再如，有时结论是显而易见的，即便省略也不会造成误解，那么我们也可以对其进行省略。像这样恰当地进行省略，可以让三段论推理变得更加简洁有力，也能取得更好的表达效果。

不过，我们也应当注意到，三段论推理有时也会出现谬误，如推理的前提是虚假的，或者推理过程不符合三段论的基本规则和正确的格与式，那么结论也会出现问题。但是在省略之后，这些问题常常会被掩藏起来，很难被人发觉。很多破案专家就发现一些不法分子常常用故意省略三段式的做法来浑水摸鱼，进行诡辩，对此就一定要注意分辨，才不会被诡辩影响了思路。

在下面这个案例中，嫌疑人就试图用三段论省略式来掩盖自己的犯罪真相：

某市发生了一起谋杀案，一位 43 岁的女性程太太被人勒死于家中。警方勘察了现场，发现现场被人翻动过，但凶手的目的显然不是求财，一些价值不菲的珠宝首饰都还保留在原处。

警方据此排除了入室盗抢杀人的可能性，为了搜集更多线索，警方开始调查程太太的社会关系，特别是对她的亲人、朋友、熟人进行了逐一的排查。在调查过程中，程太太的邻居和好友都指出程太太平时与丈夫的关系非常恶劣，两人之间势同水火，几乎一见面就吵闹，在家中也是分居在两个卧室。

警方马上传唤了程太太的丈夫程先生，程先生对于妻子的死亡似乎毫不在意，脸上没有一点悲伤的表情。可是当警方提出疑问时，程先生却矢口否认，他说："我是和太太关系不好，可我不至于杀她吧。再说了，我也不在现场啊，所以我不是凶手。"说着，他从衣兜里掏出了几张票据，其中有公交车票、动车票、旅馆发票，等等。负责审讯的警察接过来查看了一番，发现这些票据都是事发当天的，可以证实程先生在外地出差，而且这些票据没有伪造的痕迹。警方又致电到程先生的单位，程先生的上级和同事也证实了他当天确实在外地出差。

如此看来，程先生似乎确实有不在场证据。不过，一位刑警李准认为程先生将所有票据（无论是否能够报销）都保存下来的行为很刻意，这反而让他显得有些可疑。于是李准继续调查程先生当天在外地的行踪，看看能不能找到一些蛛丝马迹。结果没过多久，李准就从当地公安局了解到这样一件事：就在程太太被害的同一天，程先生出差前往的A市也发生了一桩类似的案件，也是妻子被害，丈夫有不在场证据。

李准意识到这两桩案子可能有内在联系，于是他和当地警方合作，对两案进行并案审查，结果查明这两件案子是交换目标的谋杀案件：程先生与A市的一名男性做了交易，互相杀害了对方的妻子。

在这个案件中，程先生在狡辩时就利用了三段论省略式，他这样推理道："我不在现场，所以，我不是凶手。"他实际上省略了三段论推理的大前提"所有的凶手（在作案时）都在现场"，而补充大前提后，我们可以看到这是一个第二格AOO式的三段论推理。从规则和格式来看，推理过程是没有问题的。但是推理的前提却过于绝对化，因为并非所有的案件中凶手在作案时都会出现在现场，破案专家经常会遇到凶手用各种千奇百怪的办法制造不在场证据，好让警方将注意力从自己的身上转移，所以无法从案发时不在现场就断定一个人肯定没有作案嫌疑。

由此可见，我们在遇到三段论省略式的时候，一定要注意判定它的结论是否有效，才不会被有心人钻了空子。而要判定省略式的有效性，就要想办法补充被省略掉的部分，使其恢复完整的格与式，这样推理是否存在问题就能够一目了然了。

为此，我们可以从以下两个步骤做起：

1. 分辨被省略的是三段论的哪个部分

如果在对方的推理中出现了"所以""因此"这样的关联词，那么关联词后面的部分显然就是三段论的结论，而被省略的部分就应当是大前提或小前提。接下来我们就可以根据结论确定大、小项，然后再与前提对照，如果大项没有在前提中出现，就说明省略的是大前提；反之，则说明省略的是小前提。

比如，在上面的例子中，从"我不在现场，所以，我不是凶手"中，很容易就能看出"我不是凶手"是结论，而"我""凶手"分别是小项和大项，"不在现场"是中项，大项"凶手"没有在前提中出现，说明被省略的就是大前提。

2. 将被省略的部分补充进去，并适当整理

明确了大、中、小项后，我们就可以很容易地将被省略的那一部分

补充进去，然后还可以进行适当的整理，使语句更符合我们常用的语言习惯。

比如，“有些刑警是破案专家，因此，有些刑警是对推理很有研究的人”。在这个三段论省略式中出现了“因此”，所以“有些刑警是对推理很有研究的人”就是三段论的结论；而“有些刑警”“对推理很有研究的人”分别是小项、大项，“破案专家”是中项，大项没有在前提中出现，所以我们要补上大前提“所有破案专家都是对推理很有研究的人”。

当然，我们在补充时要注意不能违背三段论省略式的原意，否则反而会出现误解。另外，将三段论省略式补充完毕后，我们还需要对其进行验证，看看推理是否符合三段论的基本规则，如是否只有三个概念，中项是不是在前提中至少周延了一次等；然后我们还要看看补充好的三段论是不是符合正确的格与式。

最后，我们还要仔细考察补充好的三段论的前提，看看大、小前提是否有效，否则即使格与式正确，但前提是虚假的，那么也是无法推出有效的结论的。

第二节　不关心孩子的母亲

案件回溯

在一辆长途列车上，乘客稀稀拉拉的，很多座位都是空着的。但乘警却没有放松警惕，他一趟一趟来回巡逻着，一发现有可疑的迹象，就要上去盘查一番。

走到一节车厢的时候，乘警发现了一件奇怪的事情。有一位年轻的母亲，怀里抱着一个几个月大的婴儿，一脸不耐烦的表情。让乘警惊讶的是，现在已经是深秋时节，车厢里的温度也不算高，周围的人们都穿着夹克衫、薄外套，可是这位母亲竟然给自己的孩子穿了一件短袖上衣，一条薄裤子，孩子脚上还穿着凉鞋。

乘警越想越不对劲，他觉得孩子可能不是这位母亲亲生的。于是他旁敲侧击地询问这个母亲一些关于孩子的细节，如孩子的出生日期、出生地点、体貌特征等，这个母亲竟然吞吞吐吐说不上来。

乘警态度严肃地对她说："孩子不是你亲生的吧，你赶紧老实交代情况！"这个母亲吓了一跳，干脆把孩子丢在座位上，自己准备逃跑，但是乘警一把抓住了她，将她和孩子一起带走讯问。经过几番讯问后，她才坦白说这个孩子是自己从别人那里买来的，准备带到大城市去卖个高价。乘警十分气愤，在火车到站后就将这个假扮母亲的人贩子提交给了当地公安机关，孩子则被寄养在福利院，等待亲生父母前来。

在这个案例中，你知道乘警是如何进行推理分析的吗？

推理分析

时间紧迫，乘警能够依靠的信息也是非常有限的，他只能在最短的时间内依靠简单的三段论推理法来得出结论。这个推理过程符合三段论的第二格 AOO 式，即"所有亲生母亲都关心孩子，这个母亲却不关心孩子，所以，这个母亲不是亲生母亲"。当然，这个推理的小前提也有一定的误判可能，但乘警通过之后的盘查审问发现了更多的疑点，进一步证明了结论的正确性，从而解决了这个列车疑案。

第三节 被害人是何女士吗

案件回溯

某市发生了一起杀人碎尸案，凶手的手段非常残忍，对尸体也造成了严重的损毁，给警方进行身份辨认带来了很大的困难。后来法医在鉴定后得出结论：被害人是年龄26周岁左右的女性，身高约为1.65米，体型偏瘦，留黑色短发。

警方根据这些不多的信息对该市近一段时间的失踪人口进行了排查，后来发现一位姓何的女士有很大可能就是被害人。但是几名刑警却认为不可能是何女士，他们的理由是何女士的同事、朋友都说她留有一头披肩长发，可是发现的尸体却留着短发，所以何女士显然不是被害人。

这时，经验丰富的刑警队长对他们说："你们的推理是无效的，你们就没想过凶手也可能会剪去被害人的头发吗？"几位警察一想，觉得确实有这个可能。于是刑警队长又安排法医对受害人的头发、头皮进行了详细的检验，发现属于受害人的DNA。

警方又开始排查何女士身边的熟人、朋友、亲戚，并与DNA进行比对，结果找到了一个吻合的对象。警方立即逮捕了这名嫌疑人，通过审讯他最终交代了犯罪事实。原来此人与何女士有经济纠纷，便将何女士骗到出租屋杀害。之后为了迷惑警方，他剪去了何女士的长发，磨去了她的指纹，但没想到，精明的刑警队长还是通过头发这个疑点发现了他。

那么，在这个案例中，刑警队长为什么会说几位刑警最初的推理是无效的呢？

推理分析

在这个案件中，几位刑警也用了三段论来进行推理，推理过程如下："死者留的不是披肩长发，何女士留的是披肩长发，所以，何女士不是死者。"这个三段论推理其实是无效的，因为它的式组合为 OIO，不属于 24 个有效式中的任何一个，所以结论也是无效的。

不仅如此，这个推理的前提也是无效的，因为凶手很有可能会剪去被害人的头发，造成死者留短发的假象，所以单凭头发作为前提来进行推理是不可靠的，最终得到的结论也是错误的。幸好经验丰富的刑警队长看出了这个问题，才没有让办案工作走上弯路。由此可见，三段论推理的结论必须遵守正确的规则和格与式，而且要建立在有效的前提下，否则结论也就没有了参考价值。

第四节　伪造现场的从犯

案件回溯

某派出所接到了一个匿名报警电话，称一位居民郝某酒后失足，不幸摔死在家中，但是尸体上有很多可疑的伤痕。

接到报警后，民警立刻来到了郝某家进行调查，发现郝某的死因确实存在很多疑点，再加上郝某的妻子龚某神色慌张，答话语无伦次，所以民警将龚某带回了派出所进行审问。经过审问后，龚某对自己的犯罪事实供认不讳。

原来龚某与丈夫郝某多年来感情不和，长期分居，龚某还和一个熟人王某长期保持不正当男女关系。郝某对此略知一二，更是对龚某产生了强烈的憎恨，一有机会就对龚某又打又骂。在案发当天，郝某在午饭时喝了一些白酒，借着酒劲对龚某进行了毒打。龚某在挣扎的过程中，将郝某推倒，郝某的头部撞到大理石茶几，当场昏迷。龚某见到这种情景，索性一不做二不休，用电线将郝某勒死。

事后，龚某为自己的冲动后悔不已，她为了掩盖罪行，就打电话联系了王某，求他帮助自己处理尸体。王某本不愿意牵涉到此事中，但经不住龚某的苦苦哀求，就和龚某一起想办法伪造现场。王某先用漏斗在郝某口中灌入大量白酒，造成酒醉假象；又将郝某的尸体放在屋内的楼梯底部，造成了意外跌落身亡的假象。没想到听闻郝某的死讯后，一位亲戚前来吊唁，却发现了郝某颈部的痕迹，继而产生了怀疑，才通知了警方。

龚某认罪后，王某作为从犯，也应承担应有的法律责任。但是王某坚决不肯认罪，他对法律条文有一定了解，一再声称自己没有构成犯罪，理由是刑法中没有“伪造现场罪”的明文规定。王某的言论看似有理，但审讯人员立刻指出了其中的推理错误，让王某不得不承认自己的犯罪事实。

那么，你知道王某的言论存在什么样的推理错误吗？

推理分析

王某的推理过程实际上是这样的一个三段论：

凡刑法中没有明文规定的不能被认为是犯罪；

刑法中没有明文规定伪造现场罪；

所以，伪造现场不能被认为是犯罪。

这个三段论其实是错误的，因为它出现了“四概念”的问题。在大前提中，“刑法中没有明文规定的”指的是独立的罪名如诈骗罪、盗窃罪、故意杀人罪，等等；但是在小前提中，“刑法中没有明文规定的”则指的是具体的犯罪行为，如谋杀是如何具体实施的等，有些行为在刑法中确实没有具体规定，但不能因此就认为这种行为不是犯罪。

所以，王某从自己的推理中得出的结论纯属诡辩。事实上，王某明知龚某对丈夫实施了犯罪行为，还帮助其毁灭、伪造刑事证据，已经构成了《刑法》第306条帮助毁灭、伪造证据罪，所以应当为此承担法律责任。

第五节　受伤的抢劫犯

案件回溯

2016年5月，美国旧金山市发生了一起银行抢劫案。由于银行工作人员偷偷按响了报警装置，警方及时赶到。3名抢劫犯慌了手脚，与警方发生了冲突。双方开枪对射，一名抢劫犯死亡，一名抢劫犯重伤，另一名受轻伤的抢劫犯趁乱逃走了。

警方立刻开始布局追捕这名逃跑的抢劫犯，警官琼斯追进了银行附近的地铁站。他登上了地铁列车，在一个个车厢中搜寻起来。突然，他注意到了一个穿着深灰色卫衣外套，将帽子拉低盖住头的男子，觉得跟那名抢劫犯的身形有些相似。

琼斯马上走了过去，一把拉掉了男子的帽子。男子脸上的表情十分慌乱，但紧接着，他做出生气的样子，用力拍开了琼斯的手，还大叫道："你要干什么？"

在男子抬手的这一瞬间，琼斯发现他的袖口有一些新鲜的血迹。琼斯不顾他的反对，抓住了他的手臂，拉高衣袖，看到他的手臂上有一个圆形的小洞，这是一个贯通伤，靠外侧的洞口较小，内侧较大，根据琼斯的经验，他断定这是枪伤。

除这个贯通伤外，男子的手臂、手指上还有其他的伤痕，琼斯问道：“你的伤口是怎么造成的？”男子一边躲闪着琼斯的眼神，一边回答：“碰伤的。”

琼斯又问：“什么时候碰伤的？”

男子脸色苍白，结结巴巴地说：“不知道……一个小时前吧。”

琼斯严肃地说：“碰伤可不会形成这样的伤口，而且要是一个小时前碰伤的，血迹早就干了，可你的伤口现在还在出血。我劝你还是老实交代吧。”男子知道自己已经被琼斯识破，再加上伤口疼痛难忍，无法坚持抵抗，只好承认自己就是逃跑的抢劫犯。

在这个案例中，你知道警官琼斯进行了怎样的推理分析吗？

推理分析

警官琼斯在判断男子伤口成因的时候运用了三段论推理法进行了分析，具体分析过程如下：

有入口及出口，且入口小于出口的贯通伤都是枪伤；

男子手臂上的伤口是有入口及出口，且入口小于出口的贯通伤；

所以，男子手臂上的伤口是枪伤。

这是第一格 AII 式的三段论推理，推理的前提也是真实有效的，推理过程也非常严谨，所以推理得到的结论也是有效的。

第六节　鞋印与血迹

案件回溯

一名49岁的饭店老板被人杀死在自己的卧室中。警方在勘验现场时，从地板上的灰尘中提取到了半个运动鞋鞋印，鞋印仅有后跟部分，但可以辨识出其中有××品牌的字母。

随后，警方调查了死者的社会关系，发现死者几年前就与妻子离异，现在一个人独居。死者平时忙于工作，不常与朋友往来，也没有结下什么仇家。不过死者的雇员中有一个叫张青的人与他发生过矛盾，据其他雇员反映，张青在案发前几天曾经和死者在饭店中发生过冲突，死者威胁说要开除张青，而张青后来苦苦哀求，死者才勉强同意留下他，但是扣除了他三个月的奖金。

警方来到员工宿舍，准备将张青带走讯问，这时张青的室友又提供了一个线索："就在案发的那天晚上，张青从外面回来的时候身上到处都是血，我本来想问他是怎么弄的，可他的表情看上去十分凶狠，我就不敢多说了……"这个线索让警方更加确信张青有重大嫌疑，不过在讯问张青时，他却一直狡辩，推说自己对老板的死毫不知情。

警方搜查了张青在宿舍和饭店内的个人用品，将所有衣物和鞋送到化验室。经过比对，警方确认了张青确实有一双××品牌的运动鞋，而且鞋底的磨损程度与现场发现的鞋印相同，据此警方断定张青肯定去过现场。不过警方不能确定这些鞋印是不是案发当时留下的，所以单凭这一点还无法对张青定罪。

于是警方继续检验张青的衣服，发现所有衣服都被张青清洗过，单凭肉眼很难找出哪件衣服沾有血迹。但是用紫外线照射衣服后，却发现其中一件出现了大量土棕色斑块，这就说明这件衣服上确实沾染过大量血迹，而这与张青室友的说法是一致的。在人证物证俱全的情况下，张青无法抵赖，只得交代了自己的作案经过。

那么，警方在本案中是如何进行推理分析的呢？

推理分析

在本案中，警方首先从鞋印方面进行了这样的推理：

凡是鞋底情况与现场鞋印相同的人都是去过现场的人；

张青是鞋底情况与现场鞋印相同的人；

所以，张青是去过现场的人。

之后，警方又从血迹方面进行了这样的推理：

凡是在紫外线照射下呈土棕色反应的都是血迹；

张青衣服上的斑块在紫外线照射下呈土棕色反应；

所以，张青衣服上的斑块是血迹。

这两个推理都是三段论第一格 AII 式，推理过程符合推理规则与正确的格式，前提也是正确的，所以得到的结论是有效的。

第七节　嫌疑人的诡辩

案件回溯

2009 年，在某市发生了一起恶性杀人事件。十几名嫌疑人手持砍刀、匕首、棍棒追打三名受害人，造成一人死亡、两人重伤的严重后果。由于该案的嫌疑人数量较多，又互相串供、包庇，给警方的调查审讯工作造成了很大的压力。

在这种情况下，警方决定从被害人身上的伤口入手进行核查。通过与嫌疑人使用的凶器作对比，警方发现对被害人造成致命伤害的是一把砍刀，而嫌疑人中只有金某一人是拿砍刀的。于是警方立刻对金某进行了突击审讯。

当被问到自己带了什么凶器时，金某没有回避，承认自己带了一把砍刀，而且自始至终他都把砍刀拿在手中，没有交给别人。可是当审讯人员问金某是否用砍刀伤害他人的时候，金某的反应却非常激烈，他大声说："我是带了砍刀，可是我没有拿它杀人。"

金某显然是在诡辩，那么，你知道审讯人员该如何驳斥金某吗？

推理分析

嫌疑人推理依据的前提"带了砍刀"虽然是真实的，但并不足以支持他推理出的结论"没有杀人"。如果审讯人员想要对其进行驳斥，就可以采用三段论推理法："砍刀才能造成被害人身上的伤口，只有你一个人带了砍刀，所以，就是你造成了被害人身上的伤口。"这个三段论符合第一格 AII 式，推理的前提也是真实有效的，推理过程也非常严谨，所以推理得到的结论也是有效的。

第八节 “上吊”自杀的妻子

案件回溯

2014年，江苏省镇江市某镇的一位中年妇女何某佳在家上吊自杀。何某佳的丈夫李某在第一时间通知了妻子的亲妹妹何某甜。何某甜跟姐姐的关系非常亲密，她无论如何接受不了这个残酷的事实，她本来与姐姐约好回老家祭祖，却没想到姐姐竟然会选择结束自己的生命。

在悲伤的同时，何某甜心中也产生了一些疑问，就她最近对姐姐的观察来看，姐姐的情绪非常正常，不太可能突然选择轻生。又因为她知道姐夫平时好吃懒做，还经常与姐姐吵闹，所以她不禁用怀疑的目光看向了李某。李某当然极力为自己辩解，但他的表情看上去很不自然。何某甜更加不放心了，便拨打了报警电话。

警方到来后，马上安排法医对何某佳的尸体进行检验，结果发现在何某佳的颈部有一条绳索形成的勒痕，呈弧形，比较清晰，但是没有明显的充血症状。据此警方断定何某佳不是上吊死亡的。

这个结论更证实了何某甜的想法，她立刻向警方举报了李某。警方在传唤李某后，李某很快就交代了事实：原来何某佳经常指责李某不务正业，让李某心中十分反感。这天何某佳又对李某数落不休，李某又气又急，在冲动之下不慎将何某佳掐死。事发后李某非常后悔，为了逃避法律责任，他找来一条麻绳，搬来凳子，将何某佳的尸体吊在水泥房梁上，伪造上吊自杀现场，没想到一番处心积虑的安排还是被警方看穿了。

那么，你知道警方是如何推理何某佳不是死于上吊的吗？

推理分析

警方在断定何某佳的死因时，就采用了三段论推理法，具体推理如下：

凡上吊自杀者颈部绳索勒痕都有明显的充血症状；

何某佳颈部绳索勒痕没有明显的充血症状；

所以，何某佳不是上吊自杀者。

在这个三段论中，大项是“上吊自杀者”，小项是“何某佳”，中项是“颈部绳索勒痕有明显的充血症状”，它符合三段论第二格的AOO式，推理过程严密，前提也是可靠的，所以结论是真实有效的。

第九节　弹孔透露的秘密

案件回溯

2013年4月的一天，一位名叫莱蒙托夫的中年男子，匆匆跑进了圣彼得堡市的一家警察局，气喘吁吁地告诉警察：“我去看望我的好朋友伊万，刚走到他家门口，就听到里面有一声枪响。我推开门一看，发现伊万自杀了，你们快去看看吧！”

值班警察在莱蒙托夫的带领下，驱车来到现场。他们发现伊万家的门是虚掩的，一名警察小心翼翼地推开了门，马上看到伊万靠在沙发上，已经停止了呼吸，在他右边的太阳穴上有一个弹孔，从弹孔中流出的血迹已经有些干涸了。警察还注意到伊万的右手里捏着一把手枪，从表面上看伊万很像是自杀身亡。

就在这时，莱蒙托夫突然大叫了一声："伊万，我可怜的朋友，你怎么这么想不开啊！"说着，他转向了警察，带着哭腔说道："伊万最近在感情方面很不顺利，他有好几次都跟我说想要自杀，我以为他是开玩笑呢，谁知竟是真的！"

警察用沉稳的语气对他说："你先别急着悲伤，我问你，你确定在你进屋的时候没有看到其他人吗？"

莱蒙托夫有些疑惑，片刻后，他摇了摇头说："没有别人了，当时屋里只有伊万一个人。"

听他说完这句话后，警察立刻拿出了手铐，铐住了他的双手。莱蒙托夫大喊大叫，说警察一定是搞错了对象，但警察只说出了一个事实就让莱蒙托夫哑口无言了。

你知道警察说了什么事实吗？

推理分析

警察所说的事实与死者太阳穴的弹孔有关，因为近距离开枪如自杀者对自己开枪时，就会在弹孔处留下火药烧灼的痕迹，而死者的弹孔却只见血迹没有烧灼损伤，可见死者并非死于近距离枪杀。这个推理过程其实也是一个三段论推理，具体推理如下：

近距离开枪会有弹孔烧灼痕迹；

死者没有弹孔烧灼痕迹；

所以，死者不是死于近距离开枪。

这个三段论推理符合第二格 AOO 式，前提也是真实的，所以结论是正确有效的。那么本案中死者就不是自杀，而是死于他人在较远的距离开枪。所以警察会问莱蒙托夫当时屋里还有没有其他人，莱蒙托夫自己证实了没有其他人，那么他自己显然就是凶手。

第十节　血型的疑问

案件回溯

在法国巴黎有一位著名的女富豪杜瓦尔夫人，她拥有亿万财富，却一直过着深居简出的生活，而且很不快乐。在十多年前，杜瓦尔夫人唯一的独生女儿意外走失，她和丈夫杜瓦尔先生花费了巨大的代价也没能找回女儿。几年后丈夫也患上了重病，不久便撒手人寰。杜瓦尔夫人伤心欲绝，若不是日夜期盼着能够找回女儿，她也很想随丈夫一起离去。

2016 年 5 月的一天，杜瓦尔夫人的亲妹妹突然给她带来了一个好消息，说自己无意中知道了孩子的下落。杜瓦尔夫人狂喜莫名，连忙派人将孩子找了回来。不过在见到孩子后，杜瓦尔夫人却觉得有些不对劲，因为孩子与自己和丈夫都不怎么相像。不过孩子拿出了一枚纯金胸针，这胸针确实是杜瓦尔夫人当年为孩子购买的，这让她打消了不少疑虑。

因为杜瓦尔夫人身体状况不太好，妹妹就建议她提前立个遗嘱，将财产转交给孩子。在签署遗嘱之前，杜瓦尔夫人的好朋友，侦探罗宾先生建议她最好还是给孩子验个血型。结果他们发现孩子的血型是 B 型，杜瓦尔夫人自己的血型是 O 型，按照血型遗传法则，只有她丈夫的血型是 B 型或 AB 型，才有可能生出 B 型血的孩子。可是丈夫已经去世多年，血型资料都保存在家庭医生那里，而那位家庭医生恰好在找回孩子的前一个月辞职离开了。

这件事引起了罗宾先生的怀疑，他立刻通过关系查找到了杜瓦尔先生父母的资料，确定那两位老人的血型都是O型，那么杜瓦尔先生的血型只能是O型，没有别的可能。同样，杜瓦尔先生和夫人都是O型血，那他们的孩子也只能是O型血，不可能是B型血。结合杜瓦尔夫人的妹妹和家庭医生的一系列可疑行为后，罗宾先生怀疑他们想要通过诈骗手段夺取杜瓦尔家的巨额财富。

后来，通过罗宾先生的调查，案情终于真相大白。原来杜瓦尔夫人的妹妹早就觊觎姐姐家的财产，她使计带走了杜瓦尔夫人的女儿，将小女孩杀害。然后又说服了家庭医生，毒害了杜瓦尔先生，之后她一直潜伏在暗处等待机会，没想到遇到了心思缜密的破案专家罗宾先生，通过血型疑问一举揭穿了她精心设置的骗局。

那么，你知道这个案例中罗宾先生的推理过程是怎样的吗？

推理分析

罗宾先生在进行案件推理时，就采用了三段论推理法。首先，为了确定杜瓦尔先生的血型，罗宾先生进行了这样的推理（第一格AII式）：

父母均为O型血的子女只能是O型血；

杜瓦尔先生是父母均为O型血的子女；

所以，杜瓦尔先生只能是O型血。

接下来，罗宾先生用同样的方法确定了杜瓦尔夫人的女儿的血型——只能是O型血。

最后，罗宾先生又一次采用了三段论推出那个被找到的孩子不是杜瓦尔夫人的女儿（第二格AOO式）：

父母均为O型血的子女只能是O型血；

被找到的孩子不是O型血；

所以，被找到的孩子不是父母均为O型血的子女（即不是杜瓦尔夫妇的女儿）。

也就是说，罗宾先生利用三段论推理法，根据已知的、具有普遍性的血型遗传法则，推断到了未知的特殊事实，从而找到了解决本案的关键。

第二章
假言推理法

第一节　立足条件关系，谨慎做出判断

假言推理：观滴水可知沧海

“假言推理”是推理学中的一个专用名词，它听上去有些深奥，但只要掌握了基本的规则，就会发现这种推理方法是非常简单的，而且我们几乎每天都会在不知不觉中进行假言推理。比如，某人在出门上班的时候对家人说：“如果天气好，那我就骑共享单车上班。”最终这个人是坐公交车去上班的，那么我们就能够很自然地推理出“今天天气不好”这个结论。

在这里，“如果天气好，那我就骑共享单车上班”就是一个假言判断，它也是我们用来推理的大前提，其中“天气好”是前件，“骑车上班”是后件，“如果……那么（那）”就是假言判断的连接项，一般常用的连接项还有“只有……才”“……当且仅当……”，等等。我们可以根据假言判断的前、后件之间的关系进行推理，就能得到想要的结果。

在侦查推理的过程中，假言推理出现的频率也是很高的，它能够帮助破案专家发现嫌疑人不小心暴露出的漏洞，从而能够起到“观滴水可知沧海”的效果。在下面的案例中，破案专家就用假言推理法揭穿了嫌疑人企图逃避审判的企图，使他不得不承认了自己的罪行。

2010年，陕西省某市发生了一起严重的伤害案件。嫌疑人陈某对正在路边独自玩耍的幼童小佳进行了惨无人道的殴打。虽然几名路人及时制止了陈某，但小佳伤势非常严重，出现了昏迷、惊厥的后果。此事件在当地造成了非常恶劣的影响，公安部门对此案也非常重视，马上将陈某拘留审问。

没想到，陈某一到公安局就开始装疯卖傻，他脱光了衣服，大吵大闹，又哭又唱，刑警好不容易才将其控制住。刑侦一支队队长老邢一直在一旁不动声色地观察着陈某的举动，想弄清楚他是不是真的突发了精神病。事实上，老邢已经见过很多狡猾的犯人试图靠装病脱罪，他很怀疑陈某也是抱着这样的心理想要蒙混过关。

在审讯时，老邢故意不理睬陈某各种怪异的举止，平静地问道："陈某，你知道我们为什么要抓你吗？"

陈某发出了一阵怪笑，用诡异的语气回答："只有鬼才知道，我是鬼，你是鬼，我们都是鬼！"

之后老邢又提问了几个问题，陈某都进行了回答，虽然都是在胡说，但他反应很快，语句也非常流畅。老邢不禁冷笑了一声，对他说："装疯卖傻是没用的，我劝你还是老实交代自己的罪行吧。"

陈某在座椅上左摇右晃了起来，嘴里还哼起了小调："说我疯，我不疯……"

老邢向另一位审讯人员使了个眼色，两人一起离开了审讯室。在审讯室外，老邢说出了自己的判断："我认为陈某就是在装疯。"因为在回答问题时，陈某虽然一直在胡说八道，但他却很巧妙地避开了警方想要了解的重点。老邢据此做出了这样的假言推理：

如果陈某是精神病人，那么他回答问题时不会如此流畅，也不会一直避重就轻。

陈某现在回答问题时很流畅，还一直避重就轻。

所以，陈某不是精神病人。

当然，这个结论是否正确，还需要通过更多的证据来进行证明。于是，老邢又带着刑侦一支队的队员去找陈某的家人、邻居、同事、熟人进行调查取证。在调查中，老邢发现陈某没有精神病史，而且他的同事反映陈某平时在工作中很有条理，经常出色地完成任务。据此，老邢又进行了相应的假言推理：

如果陈某是精神病人，那么他在工作中就不可能表现得很有条理，也无法出色地完成任务；

陈某在工作中表现得很有条理，经常出色地完成任务；

所以，陈某不是精神病人。

在一系列强大的推理结论和充足的事实证据面前，陈某无法继续假装下去，他不得不承认自己是与小佳的父亲有很深的积怨，所以才会故意找机会伤害小佳。

在这个案例中，刑侦队长老邢采用的就是假言推理法。这种推理法能够为我们正确地思考问题提供必要的逻辑工具，并能够帮助我们更好地观察和认识各种事物与现象。所以不仅破案专家需要掌握假言推理法，我们在日常生活和工作中也不妨适当地使用这种方法。

厘清条件联系，做出正确判断

在进行假言推理时，作为大前提的假言判断可以分为三种形式，即充分条件假言判断、必要条件假言判断和充分必要条件假言判断这三种。那么相应的假言推理也就可以分为充分条件假言推理、必要条件假言推理和充分必要条件假言推理三种形式。

1. 充分条件假言推理

如果 A 能够推出 B，那么 A 就是 B 的充分条件，但 A 不是 B 的必要条件。就像下雨会导致地面潮湿，那么“下雨”就是“地面潮湿”的一个充分条件，可是地面潮湿还可能是由其他原因造成的，如洒水车经过洒水，或是有人泼水等，所以“下雨”不是“地面潮湿”的必要条件。而充分条件假言推理就是根据这种充分关系进行的推理。这种推理要遵循两条规则：

（1）肯定前件，就要肯定后件；否定前件，不能否定后件。比如，“如果 A，那么 B；因为 A，所以 B”这就是一个肯定前件式的充分条件假言推理。

（2）否定后件，就要否定前件；肯定后件，不能肯定前件。比如，“如果 A，那么 B；否定 B，所以否定 A”就是一个否定后件式的充分条件假言推理。

在侦查推理中，破案专家们经常会用到充分条件假言推理的方法，如在某公司发生了财物被窃事件，警方对于有嫌疑的人员逐一进行排查，其中景某在推测的案发之日恰好外出办事，所以警方就做了这样的快速推理：

“如果财物是景某偷的，那么景某应当有作案时间；景某没有作案时间，所以财物不是景某偷的。”

在这个假言推理中，因为否定了后件“有作案时间”，所以也要否定前件“财物是景某偷的”，如此得到的才是正确结论。

2. 必要条件假言推理

如果没有 A，则必然没有 B；如果有 B 就一定有 A，但是有 A 不一定有 B，那么 A 就是 B 的必要条件。就像“只有有电，才能看电视”。这里“有电”就是“看电视”的必要条件。必要条件假言推理就是根据这种必要关系进行的推理。这种推理也要遵循两条规则：

（1）否定前件，必须否定后件；肯定前件，不能肯定后件。比如，“只有A，才有B；没有A，所以没有B”，这就是一个否定前件式的必要条件假言推理。

（2）肯定后件，必须肯定前件；否定后件，不能否定前件。比如，“只有A，才有B；因为B，所以A”这就是一个肯定后件式的必要条件假言推理。

在具体应用时，我们也要注意按照规则进行推理。比如：“只有具有作案时间的人才能参与作案，景某不是具有作案时间的人；所以，景某不可能参与作案”，这个推理就是否定前件式的必要条件假言推理，它否定了前件“具有作案时间的人”，所以也要否定后件“参与作案”。

3. 充分必要条件假言推理

如果从A能够推出B，从B也能推出A，那么A就是B的充分必要条件，也可以简称为充要条件。充分必要条件假言推理就是根据这种充要关系进行的推理。这种推理也要遵循两条规则：

（1）肯定前件，就要肯定后件；肯定后件，就要肯定前件。比如，“A当且仅当B；因为A，所以B”，这就是一个肯定前件式的充分必要条件假言推理。再如，“A当且仅当B；因为B，所以A”，这就是一个肯定后件式的充分必要条件假言推理。

（2）否定前件，就要否定后件；否定后件，就要否定前件。比如，“A当且仅当B；不是A，所以不是B”，这就是一个否定前件式的充分必要条件假言推理。再如，“A当且仅当B；不是B，所以不是A”，这就是一个否定后件式的充分必要条件假言推理。

充分必要条件假言推理在侦查推理中也经常能够发挥重要作用。比如，在某连环杀人案件中，警方通过调查发现几名受害人年龄不同、性别不同、外貌特点不同、工作性质不同、居住地点不同……总之没有任何相同的特征。因此负责侦办此案件的刑警做出了这样的推理：

“当且仅当凶手有特定的作案目标，受害人才具有相同的特征。受害人不具有相同的特征，所以凶手没有特定的作案目标。也就是说，凶手是在随机挑选受害人。”

在这个推理中，后件“受害人具有相同的特征”被否定，根据规则（2），前件“凶手有特定的作案目标”也要被否定，所以刑警得到的结论是合乎逻辑的。

在了解了这三种假言推理的形式后，我们就可以在遇到实际问题的时候，像破案专家一样严谨地思考，小心地求证，这会让我们的思维更加清晰、逻辑更加严密，而我们认识和分析问题的能力也会不断提高。

走出假言推理的逻辑误区

在我们的工作和生活中，假言推理出现的频率很高，不过由于人们对假言推理的规则不够了解，也没有注意区分大前提、中前件和后件之间的条件关系，所以经常会在推理时出现一些逻辑谬误，这样获得的结论也就成了无效的。

比如，在下面这桩案件中，警方最初就做出了错误的假言推理：

在美国芝加哥市，一家警察局接到报警电话，报警的是一幢公寓楼的住户，他说自己听见邻居家里一直传来打斗声和玻璃器皿碎裂的声音，感到非常害怕，希望警方能够立刻前来查看。

两名警员迅速赶到现场，他们来到那间公寓的门前，却发现里面变得静悄悄的。由于房门是虚掩的，警员 A 就慢慢地推开了门，他看到房间里一片狼藉，地上躺着一个浑身是血的年轻女子，一个穿着黑衣，手里拿着匕首的男子正呆呆地站在房间中央，一副不知所措的样子。

两名警员见此情景，立刻冲了上来，将男子按倒在地，并夺下了他手中的匕首。之后警员 A 检查了一下女子的呼吸和脉搏，发现她已经死去了。看来男子就是杀害女子的凶手，警员 A 通知了局里，准备将他带回去审问。

就在这时，男子突然大叫起来："别抓我，我没有杀人，这不是我做的！"警员 A 冷冷地看着男子，对他说："你在犯罪现场，手里还拿着凶器，还有什么可抵赖的？"于是，警员 A 不顾男子的申辩，还是将他带走了。没有想到，经过反复的讯问后，警方才知道男子是被冤枉的，他是女子的同事，今天恰好来找女子处理些事情，没想到一进门就看见女子倒地的画面，在震惊之余，他下意识地拿起了凶手扔在地上的匕首，而警方恰恰就在这个时候推门而入，让他无法为自己辩白……

警员 A 知道这个事实后，也感到非常后悔，因为当时真正的凶手很可能就在现场附近，可是他把全部的注意力都放在这名男子身上，让真凶有机会从容地离开了现场……

在这个案件中，警员 A 对于确定凶手所做的假言推理出现了谬误。他看到男子出现在现场，手中又拿着匕首，就认定他一定是凶手。这个推理其实是由两个充分条件假言推理组成的：

"如果男子是杀人凶手，那么他肯定进入过犯罪现场；现在男子进入过犯罪现场，所以男子是杀人凶手。"

"如果男子是杀人凶手，那么他肯定拥有凶器；现在他确实拥有凶器，所以他是杀人凶手。"

这两个推理的结论都出现了问题，原因是违背了充分条件假言推理的规则（2）中的“肯定后件，不能肯定前件”，仅仅因为男子出现在现场，手中有匕首，就将其定为凶手显然是不合理的。由此可见，我们在使用假言推理方法的时候一定要弄清楚前后件之间是否为充分关系，切勿像这位警员一样犯了主观臆断的错误。

当然，除充分条件假言推理可能出现逻辑谬误外，必要条件假言推理、充要条件假言推理在具体运用时也要注意遵守规则，否则也可能走入逻辑误区。比如，下面这个必要条件假言推理就出现了谬误：“只有学习成绩优良，才能获得保送名额；林佳没有获得保送名额，所以，林佳的学习成绩不是优良。”

在这个推理中，后件“获得保送名额”被否定，那么根据必要条件假言推理的规则（2），前件“学习成绩优良”是不能否定的，可是推理者却得到了“林佳的学习成绩不是优良”的结论，因此结论是不成立的。事实上，我们无法根据林佳有没有获得保送名额来判断她的学习成绩情况。

由此可见，使用假言推理分析问题的时候千万不能随意，要认真分析前提是否有效，并要按照几种推理形式的规则来进行正确推理，才能避免出现逻辑谬误，并能够得到正确的结论。

第二节　神秘的凶器

案件回溯

2012 年，在美国旧金山的城郊，连续出现了多起杀人弃尸案件。当地警方对尸体进行检查后，发现死者在年龄、性别、外貌、死亡时间、死亡地点上都有很大差别。

比如，第一位死者是女性，年龄在20岁左右，尸体完整，但有被性侵的痕迹，死亡时间大概是凌晨3点到5点，发现地点是一条小巷深处；而第二位死者是男性，年龄在55岁左右，尸体缺少左手，死亡时间大约是晚上8点到10点，发现地点是在郊外的一片树林中；第三位死者是女性，年龄在35岁左右，尸体完整，没有被性侵的痕迹，死亡时间大概是下午5点到7点，发现地点是在一个小胡同的垃圾箱内……

不过，尽管这些死者有这么多不同，警方还是发现了一个共同点，即死者的胸口正中都被人用利器戳出了若干成组的小洞，每组为4个小洞，每个小洞直径只有2毫米，但洞与洞之间间隔略有不同。警方从这些伤口入手，通过巧妙的推理，找到了凶手使用的凶器，并结合搜集到的其他资料抓住了凶手。

那么，你知道警方是如何通过推理找到凶器的吗？

推理分析

由于死者的胸口被戳出了若干成组的小洞，每组为4个小洞，那么凶手可能使用的凶器有四尖叉或者一些农用工具。但是又因为洞的直径很小，所以警方可以做出这样的充分条件假言推理：

“如果凶器是农用工具，那么伤口直径会大于2毫米；实际伤口直径不大于2毫米，所以凶器不是农用工具。”

又因为每组小洞的间隔有误差，所以警方可以做出这样的充分必要条件假言推理：

“当且仅当凶器是像四尖叉这样具有四个尖的工具的时候，小洞的间隔才不会有误差；实际上小洞的间隔有误差，所以凶器不是四尖叉这样具有四个尖的工具。”

由此可见，死者胸口的小洞只能是被人一下一下戳出来的，而且这种工具尖头直径很小，所以警方认定这种工具是碎冰锥。不仅如此，根据凶手这种故意破坏尸体的极端行为，也可以推理出他可能有严重的人格障碍，会表现出虐待倾向或者戳刺爱好。如此一来，警方的侦破方向就会变得更加清晰了。

第三节　火车站嫌疑人

案件回溯

杰拉德是法国巴黎的一名警察。在一个休息日的傍晚，他穿着便装来到巴黎里昂火车站，准备迎接自己的一位远道而来的亲人。

因为路上遇到了堵车，杰拉德到达火车站的时间比预估的时间晚一些，他担心会错过那趟列车，就找到了一名穿着工作服，戴着工作帽的男子问道："您知道 ×× 列车几点进站吗？"

男子愣了一下，但很快反应过来，微笑着对杰拉德说："那趟列车将会在晚上 8 点 45 分进站。"

听到这句话后，杰拉德马上发现了问题。他用锐利的目光紧紧地盯着男子的脸说："我看你不是真正的工作人员吧。说说看，你打扮成这样有什么企图？"

男子见杰拉德识破了自己的伪装，转身就逃。不过杰拉德早就有所防备，立刻拦住了他，并将他交给了正在车站巡逻的警察。等杰拉德空闲下来后，联系了车站，才知道那名男子是一个凶杀案的嫌疑人，他打扮成工作人员，是想要混上列车逃离巴黎。

那么，你知道杰拉德是怎么从一句话就发现他是假冒的呢?

推理分析

杰拉德进行推理的依据是一个非常简单的常识：火车站采用24小时报时制，如果是晚上8点45分，火车站工作人员就会很自然地将时间说成20点45分。所以杰拉德就在短暂的时间里进行了这样的充分条件假言推理：

如果对方是火车站工作人员，就会按照24小时报时制报时；现在对方没有按照24小时报时制报时，所以对方不是火车站工作人员。

在这个推理中，假言判断的后件“按照24小时报时制报时”被否定，所以前件“对方是火车站工作人员”也要被否定。那么，既然对方并不是火车站工作人员，却还要身穿制服，乔装成工作人员的样子，就显得非常可疑了，杰拉德正是根据这一点揭穿了嫌疑人的伪装的。

第四节　冰湖谋杀案

案件回溯

在一个寒冷的冬日，气温只有零下15摄氏度。侦探克劳士先生和几个朋友到郊外的度假村游玩。距离这个度假村1公里处有一片湖水，天寒地冻，湖面已经结冰了，这几天不时有人到湖面上滑冰。

克劳士先生和朋友们正在旅馆门口闲聊，忽然看到一个浑身湿透的男子向他们跑过来，男子气喘吁吁地大喊着：“请帮帮忙，救救我的朋友吧，他掉到湖里去了。”

克劳士先生等人一听，连忙让男子带路，一路小跑着准备去救人。在路上，男子上气不接下气地说："我们在湖面上溜冰，没想到冰面突然破裂了，我朋友一不小心就掉下去了，我跳进湖里，想要救他，可是找了半天，就是找不到他。"

不一会儿，他们几个人来到了湖畔，只见湖面上确实如男子所说，已经破开了一个大洞，里面黑乎乎的，什么也看不见。时间过去了这么久，克劳士先生心知掉下去的人已经无法挽救，但他还是决定下去看看情况。他脱下了棉衣、皮鞋，正准备往冰洞里跳去，忽然想起了一件事情。他回头看了看男子，对他说："你真的救过你的朋友吗？或许你朋友是你推下去的吧！"

男子吃了一惊，结结巴巴地说："不……不是这样……"可是他慌乱的表情和吞吞吐吐的话语更加证实了克劳士先生的猜测。

那么，你知道克劳士先生是怎么发现事有蹊跷的吗？

推理分析

在零下 15 摄氏度的天气里，一个从冰湖中爬出来又徒步跑回 1 公里外的度假村的人，身上的水肯定早就结成冰了。所以克劳士先生就做了这样的假言推理：

如果男子确实跳到冰湖里去救人，那么他衣服上的水就会结冰；现在男子衣服上的水没有结冰，所以男子并没有跳到冰湖里去救人。

根据这个结论，可以看出男子之前是在撒谎，他很有可能害死了自己的朋友，然后跑回旅馆，想办法弄湿了衣服，装成救人失败的样子。然而他虽然狡猾，却忽略了水会结冰的小细节，结果让自己露出了马脚。

第五节 树林中的尸体

案件回溯

一天清晨，几个晨跑者在一片树林里发现了一辆敞篷跑车，车座上躺着一具男性的尸体，上面稀稀拉拉地落着几片树叶。尸体已经开始出现腐烂的痕迹，还散发着浓浓的臭气。见此情景，几名惊恐的晨跑者立刻报了警，警方迅速赶来，封锁了现场。

法医对尸体进行了简单的检验，确定死亡时间已经超过48个小时，而尸体全身上下没有伤痕，只有手中握着一只装有毒药的瓶子，因此可以初步认定是自杀。警方又对跑车周围进行了勘察，时值深秋，地面被落叶完全覆盖，所以看不到其他人留下的脚印。

就在警方准备以自杀结案的时候，警长阿蒙森突然大声说道："不对，这不是自杀事件，尸体是被凶手从别处移动到这里的，而且尸体在这片树林里的时间不会超过1小时。"

听完警长的话后，警员们马上开始了新一轮的地毯式搜索，终于在跑车附近提取到了几个不太清晰的鞋印，后来又从车门把手上提取到了不属于死者的指纹。根据这些线索，警方很快就抓获了杀人移尸的真凶。

请问，你知道警长阿蒙森是怎么发现此案不是自杀事件的吗？

推理分析

在推理本案时，我们应当注意这样几个细节"时值深秋""地面被落叶完全覆盖”“车座和尸体上却只有少量落叶”，这就说明这辆跑车停留在树林里的时间并不长。

这个推理的过程包含着一个假言推理：

如果跑车在树林中停放了较长时间，车座和尸体上就会堆满落叶；现在车座和尸体上并没有堆满落叶，所以跑车在树林中停放的时间并不长。

这是一个否定后件同时否定前件的充分条件假言推理，根据这个推理的结论，再结合死亡时间超过 48 小时的细节，就可以断定尸体是被他人从别处移动到树林中，伪装成自杀现场的。

第六节　触电身亡的丈夫

案件回溯

2000 年，福建省福州市的一个派出所接到了一位妇女打来的报警电话，称自己的丈夫在家触电自杀。民警小纪和法医等几人立刻赶到了现场，见到了死者的妻子韩某。韩某看上去十分悲痛，她披头散发、泪流满面、泣不成声。小纪问了她一些问题，了解到韩某的丈夫因为炒股亏了钱，心情十分不快，整天在家中说一些自暴自弃的话。韩某今天下班回家，发现丈夫和一位朋友孔某正在喝酒聊天。过了一会儿，孔某离开了，丈夫一个人到卧室躺着，好像很不愉快的样子。韩某就没有打搅他，独自到厨房准备做饭。没想到几分钟后，韩某听到卧室里传来一声惨叫，等她跑过来一看，才发现丈夫已经触电，他全身痉挛，样子十分可怕。韩某赶紧切断了电源，但是丈夫已经停止了呼吸。

法医对死者进行了检查，发现他确实是触电身亡，其右手小拇指绑着一根电线铜丝，整个小拇指都已经碳化。小纪注意到死者身旁还放着一只录音机，就问韩某："里面录的是什么，你听了吗？"韩某摇了摇头说："我早就把电源切断了，还来不及听。"

等法医处理好尸体之后，小纪接通了电源，听到里面是一段简短的录音："我炒股把家里的钱都亏完了，生活没指望了，活着真没意思……""看来确实是自杀啊。"一位民警不假思索地说道。小纪的表情却变得严肃起来，他又问了韩某一遍："你确定没听过录音？"

韩某迟疑了一下，但还是坚定地点了点头。小纪摇着头说："那就奇怪了，如果没人听过录音，它怎么会自动倒回到你丈夫开始录音的部分呢？"

听到小纪的话后，韩某脸色煞白，一句话也说不出来。小纪又对她进行了讯问，在小纪强大的攻势下，韩某不得不老实交代，是她早就对不务正业、沉迷炒股的丈夫恨之入骨。而孔某虽然是丈夫的朋友，却也是韩某的婚外情对象，他们两人合谋炮制了这个"自杀事件"，想要除去韩某丈夫这个"眼中钉"，没想到精心准备的"证据"却被小纪一眼看穿了。

那么，你知道小纪是如何通过推理发现案情的真相的吗？

推理分析

小纪采用的就是假言推理法，而且是否定后件式的充分条件假言推理法。他的推理过程如下：

如果录音没有被人听过，那么就不可能倒回到开始录音的部分；现在录音倒回到开始录音的部分，所以，录音被人听过。

根据充分条件假言推理的规则（2），"否定后件，就要否定前件"，后件"不可能倒回到开始录音的部分"被否定，所以前件"录音没有被人听过"也要被否定，也就是得到了"录音被人听过"的结论。这个推理是符合逻辑的，而它也证明了韩某的证词是谎言，所以小纪由此作为突破口就能够让韩某老老实实地交代自己的罪行。

第七节　未写完的遗书

案件回溯

一天早上，一位钟点工乌特金太太到雇主叶戈尔家打扫卫生。她打扫完了客厅，准备打扫书房。一推开书房的门，乌特金就看见叶戈尔先生趴在书桌上一动不动，仿佛是睡着了。

乌特金太太喊了叶戈尔先生一声，没有得到回应，就走了过去，准备叫醒他，没想到这时才看清叶戈尔先生口鼻中的黑色血迹，显然已经死去多时了。

乌特金太太吓坏了，连忙打电话报警。警察赶来后，证实叶戈尔先生是中毒死亡。在他面前的书桌上摆着一瓶毒药和一封未写完的信。

一位警官戴上塑胶手套，拿起这封信阅读起来，只见上面写着：

“亲爱的侄女，当你收到这封信的时候，我已经不在人世了。非常抱歉这么多年没有和你联系，但我一直挂念着你，因为你是我在这个世界上唯一的亲人了。自从我的太太和儿子在七年前因车祸去世，我就没有过过一天快乐的日子，我有很多次想要离开这个世界，但都缺乏足够的勇气。现在，我终于鼓起勇气准备这么做了。请不要为我难过，这对我来说其实是一种解脱。现在我准备将名下所有的财产都留给你，包括一些房产、存款和公司股票。另外，我还有一些非常珍贵的收藏品，放在一位值得我信任的人那里保管，你可以去找他，然后接管这些珍宝。这个人就是……”

信写到这里，戛然而止，后面只有一些拖长了的墨迹，似乎叶戈尔先生受到了什么打扰，才没有写出那个人的名字。警官放下了这封信，用肯定的语气说："虽然这桩案子很像是自杀，叶戈尔先生也确实有强烈的自杀意愿，但这不是自杀事件，而是谋杀。据我推理，谋杀叶戈尔先生的人很可能就是替他保管收藏品的人。"

你知道警官推理的依据是什么吗？

推理分析

在本案中，警官使用了假言推理法进行推理，推理过程如下：

如果叶戈尔先生死于自杀，那么他应当写完这封信（再从容地服药自杀）；

现在他没有写完这封信，所以他不是死于自杀。

也就是说，叶戈尔先生很有可能是在写到关键处，就被凶手阻止并杀害了，而这封信上的关键处就是保管收藏品的人的名字。警官认为此人很有可能想要侵占叶戈尔先生收藏的珍宝，不愿拱手交给那位侄女，所以才会不顾一切地在叶戈尔先生写下名字前将他杀害。所以警官只要去调查谁平时和叶戈尔先生交往密切，并且替他保管过财产，还在案发之日来过叶戈尔先生家，就能找到这个凶手。

第八节　明星自杀之谜

案件回溯

一位著名的电影明星珍妮在自己家中自杀身亡，发现尸体的是她的经纪人萨姆。萨姆不敢破坏现场，在第一时间拨打了警察局的电话。警察赶到后，看到珍妮躺在地上，额头中间有一个黑黑的弹孔。在她身旁的地毯上，放着一支手枪，在手枪上面还端端正正地放着一张小小的便笺纸。

一位警官戴上塑胶手套，拿起了便笺纸，看到上面只有草草写就的几句话："这个世界实在是太让我失望了，我决定就此结束。抱歉了，我亲爱的影迷朋友们！"

警官让萨姆找出珍妮的签名和手写文件，发现字迹与便笺纸上的文字基本吻合，看来这张便签纸就是珍妮留给影迷的遗书了。之后，警官又对现场进行了勘察，也没有发现什么异常的痕迹，他正准备以"自杀事件"记录本案，但目光在不经意间掠过了那支手枪和那张便条。于是他问萨姆："你确定自己是第一个发现尸体的人吗？"

萨姆连连点头："是的，因为怕被记者打搅，珍妮的这处秘密地址只有我和她两个人知道，所以在我之前不会有人来过。"

警官的表情变得非常严肃，他看着萨姆的脸，冷冷地对他说："我现在要以谋杀罪名逮捕你！"这句话让萨姆脸色大变，他十分惊讶，不知道自己在哪里出了错……

你知道警官是如何发现萨姆是凶手的吗？

推理分析

在本案中警官进行了这样的假言推理：

如果影星珍妮真的是自杀，那么在开枪后便笺纸不可能被放在手枪上方（自杀者手枪可能在手上，也可能掉在地毯上，但无论如何，便笺纸不可能被端端正正地放在手枪上方）；

现在便笺纸被放在手枪上方；

所以影星珍妮不是自杀。

这是一个否定后件式的充分必要条件假言推理，符合充分必要条件假言推理的规则（2）否定后件，就要否定前件。根据这个结论，珍妮不是自杀，那么她就是被人谋杀，而这个所谓自杀的现场也是凶手故意设计出来的。考虑到了这一点，警官才会问经纪人萨姆是否还有他人可能出现在现场，而萨姆否认了这一点，那么有条件作案的就是只有他自己了。

第九节　送餐员的罪恶

案件回溯

2010 年，在美国加利福尼亚州某市发生了连环强奸杀人案件，当地警方经过一系列调查，将目标嫌疑人锁定为一个快餐店送餐员赞恩。据警方估计，受害人对送餐员一般没有什么戒心，这让赞恩有机会进入受害人的家中，伺机对受害人施暴。不过，由于赞恩具有一定的反侦查技巧，所以一直没有被警方抓获，这也让他变得越来越嚣张了。

有一次，赞恩在作案后，竟然没有离开现场，他躲在受害人瑞贝卡的住所附近，带着得意的心情观察着。过了半个小时后，受害人的儿子吉姆放学回来，刚刚走进门，赞恩就过去按响了门铃。他大声喊着："吉姆，你妈妈在吗？叫她过来结账，这里有她点的汉堡。"吉姆开了门，让赞恩稍等，他要去喊母亲。赞恩看着这可怜的孩子走上楼去，几秒钟后，一声惨叫传来……看来孩子发现母亲的尸体了，那凄惨的叫声让赞恩的变态心理得到了极大满足，他的脸上竟然露出了一丝诡秘的微笑。

几分钟后，警方赶到，在听完吉姆的哭诉后，他们立刻逮捕了赞恩。赞恩却大言不惭地说："我是来送快餐的，你们不能因为我出现在这里就污蔑我杀人吧。”

警长亨利先生冷静地说：“你是给瑞贝卡送快餐的，对吗？”

赞恩点了点头，心里有些纳闷，不明白亨利先生为什么要问这么简单的问题。

亨利先生又问：“你一到这里，先喊的是吉姆的名字，对吗？”

赞恩有些摸不着头脑了，他不耐烦地回答：“是这样，我还对他说‘你妈妈在吗’，怎么，有什么问题吗？”

亨利先生冷笑起来，他突然问道：“如果你要找瑞贝卡结账，为什么不直接喊她，而是喊她的儿子？一般情况下都会喊订餐人本人来结账吧？”

赞恩顿时哑口无言，他张大嘴巴，呆呆地看着亨利先生，同时心中涌起一阵不祥的预感，他开始为自己之前得意忘形的做法感到后悔了。

不过亨利先生并不想给他编织谎言的机会，他马上开始推理道：“因为你早就知道瑞贝卡已经死去，所以才很自然地喊了她的儿子。更进一步说，因为你亲手杀害了瑞贝卡，所以你知道她不可能来应门了。”

赞恩的思路完全被亨利先生打乱了，他本来为自己找了很多借口来辩解，可现在他一句话都说不出来了。

那么，你知道亨利先生是如何进行案件推理的吗？

推理分析

亨利先生在进行案件推理时，采用了假言推理法：

如果赞恩直接喊了孩子的名字，那么他知道死者不会来应门（一般情况下，送餐员会直接喊订餐人的名字）；

现在赞恩确实直接喊了孩子的名字，

所以赞恩知道死者不会来应门。

这是一个肯定前件式的充分条件假言推理，推理符合充分条件假言推理的规则（1）肯定前件，就要肯定后件，而且前提也是真实的，所以得出的结论是有效的。也就是说，赞恩知道死者不会来应门，而他之所以会知道这一点，是因为他就是本案的凶手。

第十节 从大厦射出的子弹

案件回溯

2011 年 6 月的一天，某南美小国的总统在对某大国进行访问期间遭到了刺杀。当时，这位总统正乘坐敞篷车进入繁华的市区，没想到几颗子弹突然从一幢大厦内射出，其中一颗命中了总统的头部，使其当场死亡。

附近的巡警迅速赶来，在询问了几名路人后，得知子弹是从大厦三层射出的，凶手目标明确，在短短的 10 秒钟内对总统所在的方向连开了 5 枪。根据这些线索，警方包围了大厦三层，并拘捕了一名有重大嫌疑的男子乔治。

乔治一直在为自己“喊冤”，他说自己是大厦工作人员，在三楼出现也很正常。但是一名警察却说：“凶手开枪的角度非常精确，命中率又很高，可见枪法不错。据我们了解，你恰好是这样一名神枪手，所以你就是凶手！”

乔治立刻反驳道：“枪法好的人多了，你们不能这么武断地说我就是凶手。”但是警方还是拘留了他。

第二天，法医又提供了一条线索：子弹来自一把柯尔特 M1911 型半自动手枪，而警方在搜查乔治的寓所后，也确实发现他拥有这样一把手枪。这下警方更加确定乔治就是本案的凶手。

你认为警方的推理正确吗？为什么？

推理分析

在这个案件中，警方连续进行了几次假言推理，然而每一次推理的过程都出现了问题，所以结论都是无效的。

警方的第一次假言推理：如果乔治是凶手，那么他在案发时会在大厦三层出现；现在知道他确实在大厦三层出现，所以他就是凶手。

这是一个充分条件假言推理，根据其推理规则（2），肯定后件不能肯定前件，而警方仅仅因为乔治在三层出现就认为他是凶手，显然是不合理的。

警方的第二次假言推理：只有枪法很好，才会是凶手；而乔治的枪法很好，所以他就是凶手。

这是一个必要条件假言推理，根据其推理规则（1），肯定前件不能肯定后件，所以不能仅仅因为乔治枪法好就说他一定会是凶手，还要考虑有没有作案的动机等多种因素。

警方的第三次假言推理：如果乔治是凶手，那么他就拥有一把柯尔特M1911型半自动手枪；乔治确实拥有一把柯尔特M1911型半自动手枪，所以他就是凶手。

这也是一个充分条件假言推理，同样犯了“肯定后件不能肯定前件”的错误，事实上，警方需要判断乔治有没有在案发现场、案发时间持有该手枪，如果仅仅用“拥有手枪”来判断是否有罪，也是不合理的。

第十一节　失窃的玉器

案件回溯

朴先生是韩国一家大企业的董事长，他住在郊外的一栋别墅里。在繁忙的工作之余，朴先生平时有两个爱好，一个是收集古董，另一个是养狗。他最喜欢的宠物狗是一条凶猛的罗威纳犬“哈里”，朴先生不管走到哪里都会带上哈里。

除了哈里，朴先生的爱物还有一件珍贵的古玩玉器，这件古董是他托人从国外买回的，价值高达六百万美元。朴先生经常爱不释手地把玩着玉器，还对哈里说：“你可要帮我看好我的宝贝啊，不要让小偷把它偷走。”哈里也非常机敏，只要看到有陌生人接近放置玉器的书房，就会大声咆哮。

这一天早上，朴先生起床后，像往常一样先走进了书房，想要再欣赏一下自己的玉器。谁知放置着玉器的匣子里竟然空空如也，朴先生不禁气得大叫起来。他马上找来了别墅的保安人员，质问他们为什么没有尽到职责，让小偷进来偷走了玉器。可是值班的 4 名保安用很肯定的语气保证自己一刻都没有离开过岗位，而且他们并没有发现任何异常情况。

朴先生十分无奈，只好问哈里：“你为什么不叫呢？你忘记我给你布置的任务了吗？”说完这句话后，朴先生忽然想到了一件事情，他立刻命令保安将平时负责喂养、照料哈里的仆人抓住，并迅速报了警。待警方到达，了解了事情的经过后，不禁对朴先生的推理能力大为赞赏。之后，警方对那名仆人展开审讯，而她也承认确实是自己偷走了玉器，并藏在了餐厅的一块地板下面。

那么，你知道朴先生是怎么进行推理的吗？

推理分析

朴先生是通过假言推理来解决本案的。首先，在判断窃贼是外来人士还是内贼的时候，他可以进行这样的充分条件假言推理：

如果盗走玉器的是外来人士，那么保安就会发现异常；现在保安没有发现异常，所以，盗走玉器的不是外来人士。

这是一个否定后件式的充分条件假言推理，后件“保安发现异常”被否定，所以前件“盗走玉器的是外来人士”也要被否定。由此可知此案嫌疑人为别墅内的内部人员。

之后，朴先生又通过一个充分必要条件假言推理缩小了嫌疑人的范围：

当且仅当接近书房的是哈里熟悉的人时，哈里才没有发出叫声；现在哈里没有发出叫声，所以，接近书房的是哈里熟悉的人。

这是一个肯定后件式的充分必要条件假言推理，后件“哈里没有发出叫声”被肯定，所以前件“接近书房的是哈里熟悉的人”也要被肯定。于是，嫌疑人只能是与哈里朝夕相处的人，这样的人除朴先生自己外，就只能是照顾哈里的仆人了。就这样，通过假言推理法，嫌疑人的身份就昭然若揭了。

第三章

选言推理法

第一节　借助多种推测，缩小问题范围

借助选言判断，真相逐渐显现

在认识事物和分析问题的时候，如果我们没有掌握全部的细节，也不太了解事物之间的联系，该怎么进行推理呢？

这时就可以用到“选言推理法”，这是根据一个或者几个选言判断推出新结论的思维方式，带有明显的猜测的性质。比如，“小张面临毕业，他要么考研，要么去找工作；现在他去找工作了，所以，他没有去考研”，这就是一个选言推理的例子。

其中推理的前提有两个：

1. 大前提

选言推理的大前提也就是选言判断，它包括了两个或两个以上的选言支，如“去考研”“去找工作”就是两个选言支，选言支之间又由联结项“要么……要么……”“或者……或者……”“可能……也可能……”“也许……也许……”等联系在一起，由此就构成了一个选言判断，它可以用来表示在若干种情况中，至少有一种情况存在或是只有一种情况存在。

2. 小前提

小前提就是对大前提列出的这些可能的情况进行肯定或否定，如“现在他去找工作了”就是在肯定大前提中的一种情况。如果大前提中的选言支较多，小前提还要对更多的选言支进行肯定或否定的判断。比如，“这份统计表出现了错误，要么是因为数据材料不可靠，要么是因为计算方法有误，要么是因为誊写出错”，大前提列出了三种情况，小前提就需要分别进行判断：“不是因为计算方法有误，也不是因为誊写出错。”

根据大前提和小前提之间的逻辑关系进行的推理就是选言推理，像上述例子中根据大前提和小前提就可以推理出“统计表出现错误是因为数据材料不可靠”的结论。

对于破案专家来说，在对整个案情或其中某一环节不能做出清楚的结论时，也可以采用选言推理法进行适当的猜测。

在下面这个案例中，警方就连续采用了两次选言推理，确定了一起盗窃案的嫌疑人：

一天中午，某公司发生了盗窃案。几名外出就餐的员工回到自己的座位后，发现自己的手机、钱包等财物被盗，便立刻报了警。由于该公司没有安装监控摄像头，警方无法判断嫌疑人是不是公司内部人员，所以只好做出了这样的选言判断（大前提）：

嫌疑人可能是公司外部人士，也可能是公司内部人员。

之后警方从这个选言判断出发，对该公司员工逐个进行了调查。结果发现除 4 名员工外，其他员工都去员工食堂就餐了，没有作案的时间。而那 4 名员工也不在这间办公室，并且他们可以互相证明自己中午没有进入这间办公室。所以小前提就是“嫌疑人不是公司内部人员”，据此，警方进行了选言推理，基本确定嫌疑人是公司外部人士。

警方继续了解情况，根据公司所在大厦的保安提供的信息，在案发时间登记进入该公司的有两名送餐员甲和乙，一名快递员丙，一名保险推销员丁。于是警方又做出了这样一个选言判断：

嫌疑人或者是甲，或者是乙，或者是丙，或者是丁。

这个选言判断包括4个选言支，列出了所有有嫌疑的对象。经过查证，甲、丙、丁的嫌疑都被否定了，即小前提是“嫌疑人不是甲，不是丙，也不是丁”，据此警方进行了选言推理，得出的结论就是“嫌疑人是乙”。

在这个案例中，选言判断和选言推理发挥了非常积极的作用，可以帮助破案专家缩小调查取证的范围，指明侦破的方向。也正是因为这样，在侦破过程中，当需要对作案过程、作案现场、案件性质、嫌疑人进行推断的时候，破案专家们都会很自然地采用选言推理法。而我们平时遇到棘手的问题时，也不妨尝试进行一下选言判断，再根据大前提和小前提逐步推出正确的结论。

遵循正确规则，摆脱推理谬误

在进行选言推理的时候，我们应当注意到，选言判断按照逻辑形式可以分为相容选言判断和不相容选言判断这两类。那么相应的，选言推理的种类也可以分为两类：

1. 相容选言推理

相容选言推理的大前提是相容选言判断，也就是说几种事物的情况是可以同时发生的，对应的形式有“或者A，或者B”。在这种前提下，可能会出现3种情况：A发生且B发生，A不发生且B发生，A发生且B不发生。

比如，某派出所准备从民警中抽调代表去参加一个表彰大会，所长就对民警们说："大家讨论一下看看让谁去，或是小陈去，或是小方去，都可以。"这就是一个相容选言判断，小陈或小方谁去都可以，两人一起去也可以。

我们在对相容选言判断进行推理时，需要特别注意小前提和结论的关系。一般相容选言推理应当遵守以下两条规则：

(1) 否定一个或一部分选言支，就必须肯定剩下的一个或一部分选言支。

(2) 肯定一个或一部分选言支，却不能否定剩下的一个或一部分选言支。

由此可见，相容选言推理的正确形式就是否定肯定式，即小前提否定大前提的一个或一部分选言支，结论就要肯定剩下的一个或一部分选言支。就像"某犯罪集团的首脑或者是王某，或者是陈某；经调查该犯罪集团的首脑不是王某，所以是陈某"，这就是一个非常典型的相容选言推理。由于否定了一个选言支"是王某"，根据规则 (1)，就只能肯定剩下的选言支"是陈某"。

而在下面的这个选言推理中却出现了逻辑谬误："唐娜或者是作家，或者是教师；已知唐娜是作家，所以唐娜不是教师。"这个推理违背了规则 (2)：肯定一个或一部分选言支，不能否定剩下的一个或一部分选言支，所以结论是无效的。事实上，唐娜可能身兼数职，所以在没有了解清楚情况的话不能仅仅因为肯定了相容选言判断中一个选言支，就断然否定另一个。

2. 不相容选言推理

不相容选言推理的大前提是不相容选言判断，也就是说，几种事物的情况中有且只有一种情况发生。对应的形式有“要么A，要么B”。在这种前提下，可能会出现2种情况：A发生且B不发生；A不发生且B发生。

不相容选言推理也需要遵循两条规则：

(1) 否定一个或一部分选言支，必须肯定另一个或另一部分选言支。

(2) 肯定一个或一部分选言支，必须否定另一个或另一部分选言支。

如此一来，不相容选言推理就会有两种正确的形式，即否定肯定式和肯定否定式：

(1) 否定肯定式

否定肯定式就是小前提否定大前提中一个或一部分选言支，结论必须肯定另一个或另一部分选言支。就像“李华溺水不幸身亡，他要么死于意外事故，要么死于自杀，要么死于他杀；经过调查，可以确定李华不是死于意外事故，也不是死于自杀，所以李华死于他杀。”这就是一个典型的否定肯定式的不相容选言推理，死因只能从三个选言支中选择一种，不可能有多种，而选言支“死于意外事故”和“死于自杀”都被否定了，所以根据规则(1)，结论必须肯定剩下的选言支“死于他杀”。

(2) 肯定否定式

否定肯定式就是小前提肯定大前提中一个或一部分选言支，结论必须否定另一个或另一部分选言支。就像“这个奖项要么颁发给甲，要么颁发给乙；事实上颁发给了甲，所以没有颁发给乙。”这就是一个肯定否定式的不相容选言推理，奖项只能颁发给一个人，不可能颁发给多人，所以肯定了部分选言支“颁发给甲”之后，根据规则(2)，结论必须否定剩下的选言支“颁发给乙”。

掌握了以上这些相容选言推理和不相容选言推理的规则之后，我们在进行推理时思路就会更加严密，可以知道该进行怎样的推测，并能够知道该否定或肯定哪些选言支，这有助于我们最终获得对于问题的确定性认识。

穷尽一切可能，避免“漏网之鱼”

对于选言推理来说，想要提升结论的可靠性，就要做到穷尽选言支，即在进行选言判断时要反映出问题的全部可能性。哪怕不能绝对穷尽一切选言支，也要做到“相对穷尽”，尽量不要有“漏网之鱼”。否则万一漏掉的恰好就是真的选言支，那么整个选言判断就会出现问题，由此得出的结论就很有可能是错误的。

比如，在下面这个选言推理中就出现了问题：

一位参加公务员考试的大学生没有通过考试，可能是因为他准备的不够充分，也可能是因为他实力不足，还可能是因为他心理过于紧张导致发挥失常；现在知道他准备非常充分，也不是实力不足，那造成他考试失败的原因就是心理过于紧张。

这个选言推理从表面上看好像没有问题，但实际上却没有穷尽选言支。因为造成考试失败的还可能有其他的原因，就像这位大学生在考试当天突发疾病，身体非常不适，也可能引起考试失败，而选言支中却恰恰漏掉了这个重要的信息，结果造成了无效的推理。

无独有偶，在案件侦破工作中，如果没有做到穷尽选言支，也会造成误判、漏判，会让侦查工作误入歧途，不但会浪费办案人员的时间和精力，还有可能让真正的嫌疑人成了“漏网之鱼”。

在下面这个案例中，一位破案专家就发现了经验不足的办案人员在选言推理中出现的失误：

在某中学发生了一起教职工被杀案件，死者是28岁的语文男教师刘某。据与他合住在一间职工宿舍的数学教师张某称，自己周末回家住了两天，周一一早回宿舍取东西，没想到一打开门，就闻到了一股浓重的血腥味，接着就看到刘某倒在血泊中，早已停止了呼吸。

警方对此案展开了调查，由于凶手具备一定的反侦察能力，警方在现场没有提取到指纹、脚印、毛发等有价值的证据，只能先对几个嫌疑人进行讯问。这时有刑警建议将张某也列为嫌疑人，因为他自称周末回家，但却没有人能够证明这一点，他完全有条件在这两天中的某个时间偷偷回到学校作案。

不过，也有一位刑警不同意这个观点，他说："张某并没有杀人动机啊。如果张某想要杀害刘某，动机可能是仇杀，可能是情杀，可能是图财。可是据我调查，张某和刘某平时关系不错，经常有说有笑，所以不可能是仇杀；而且刘某和张某都是单身，还没有交女朋友，所以也不可能是情杀；另外，刘某家境贫寒，平时生活也很节俭，所以张某也不可能是图财。因此我认为张某不是杀人凶手。"

刑警队长老贾听完了他的推理后，连连摇头道："不对不对，你没有考虑到还有其他的杀人动机。仇杀、情杀、图财不过是其中的几种，其实杀人动机还有很多种，如报复、妒忌、追求刺激等都可以成为杀人动机。"

老贾的话启发了几位刑警，他们试图从这些杀人动机方面进行分析，结果发现了一条有价值的线索：因为刘某和张某平时的表现都很优秀，所以学校正在对他们进行考察，打算提拔一名当选副校长。其间经过了一次投票选举，刘某获得的支持票比张某多一些，当选的希望很大。张某对此非常忌妒，总觉得有刘某在就是"挡了自己的路"，因此他才找了个机会将刘某杀害了。

在这个案例中，那位刑警就犯了没有穷尽选言支的错误，他仅仅列出了杀人动机的三种情况“仇杀”“情杀”“图财”，可是嫌疑人完全可能出于其他动机犯罪。假如按照他的错误推理，警方就可能将重大嫌疑人张某遗漏在外，那么造成的后果就会相当严重。幸好刑警队长发现了他在推理上存在的问题，才让本案的侦查工作不至于走向错误的方向。

这个案例也再一次提醒了我们要做到穷尽一切可能，才能进行选言推理。也就是说，我们对于事物的判断必须穷尽一切可能的情况，特别是一些比较复杂的问题，不妨先对其可能的情况进行列举，然后将列举出的每一种情况都作为一个选言支进行判断，那么就能够做到穷尽一切可能了。比如，在判断一名逃犯的潜逃方式的时候，我们就可以先在纸上列举出坐汽车、坐火车、坐高铁、坐飞机、坐船等多种方式，然后对其进行选言判断和选言推理，就能够避免犯经验主义的错误而有所遗漏了。

当然，我们也应当注意到对于一些问题可能无法全部列举出所有的情况，所以只能得到相对穷尽的选言判断，但这与那种明显遗漏重要选言支的错误推理是不同的，它的提出同样是以大量事实依据为基础的，选言支所属范围也比较确定，所以具有较高的可靠性。

因此，我们在确实无法穷尽选言支的时候也可以考虑参考“相对穷尽”的选言推理的结论。但无论是哪一种情况，我们都应当发挥主观能动性多多挖掘和发现线索，这样才能更好地发挥选言推理的积极作用。

第二节　商场盗窃案

案件回溯

一天深夜，一家商场被人盗窃，丢失了一批贵重商品。警方经过调查后，发现这是一起团伙作案，嫌疑人在作案前进行了充分的准备，还切断了商场的电源，使得监控设备无法正常工作。在盗取财物后，嫌疑人选择驾车逃走，警方在商场门外还发现了一辆小型卡车的轮胎印。

警方对此案进行了一番周密的调查，拘捕了嫌疑人陈某、许某、赵某三人，他们都是偷窃惯犯，并且都有作案的时间。除此以外，警方确定此案再无其他嫌疑人。在分别审问和调查这三人的过程中，警方掌握了两个事实：

1. 陈某和赵某总是一起作案，一个实施盗窃，一个放哨配合，在过去的案件中，没有出现过一人单独作案的情况。

2. 许某不会开车。

根据这两个事实你能够推理出谁是本案的盗窃犯人呢?

推理分析

在这个案件中，首先包含了一个相容选言判断：本案嫌疑人或者是陈某，或者是许某，或者是赵某。

对于这个判断又包括几种情况：单人作案，两人作案，三人作案。

根据条件 1，陈某和赵某总是一起作案，所以两人都不可能单独作案。

根据条件 2，许某不会开车，可知许某不可能单独作案，他必须与陈某、赵某中的一个或两个配合作案。

由此可见，单独作案的情况可以排除，本案要么是两人作案，要么是三人作案。可能的情况包括陈某和赵某，陈某、赵某和许某，两种情况都有陈某和赵某。因此，陈某和赵某肯定是本案的盗窃犯人。

第三节　女议员之死

案件回溯

美国纽约市的一位女议员已经整整一天没有出现在自己的办公室里了，她的秘书也不知道她的去向，反复拨打她的手机都无人接听。由于秘书手中有几份重要的文件需要议员签署，实在耽误不得，所以秘书就决定到议员家去碰碰运气。

秘书在下午 5 点左右来到议员家门口，她惊讶地发现议员家的灯是亮的，可不管是按门铃还是敲门，都无人回应。秘书觉得十分奇怪，就请大厦管理员帮忙打开了门。没想到一开门，就看到浑身是血的议员躺在地上，已经死去多时了，在她身上只裹着一条薄薄的浴巾。

秘书立刻报了警，警方在调查后得出结论：死者死于枪击，凶手从正面对死者开了 3 枪，其中一发子弹正中死者的心脏。警方推测死者死于前一天晚上的 8 点左右，凶手可能给手枪装上了消音器，所以周围的邻居都没有听到枪声。

随后，警察调取了大厦的监控录像，发现在那个时间段进入该楼层的人员有两名，其中一个是正在与死者热恋的男友，另一个是带着一大堆化妆品的推销员。警方马上拘捕了这两人，在审问中他们都承认按过死者家的门铃，但是两人都说由于无人回应，自己就离开了。

由于死者家的大门上装有猫眼，警方很快就确定了两人中有一人在说谎，而他就是杀害女议员的凶手。

你知道凶手到底是谁吗？

推理分析

在这个案件中包含着一个不相容选言判断：杀害女议员的凶手，要么是她的男友，要么是推销员。

由于女议员家的大门装有猫眼，可见有人按门铃或敲门的时候，女议员是可以透过猫眼看到外面是谁的。如果外面是陌生人或关系不亲近的人，她不可能只裹着一条薄薄的浴巾就开门待客，这也不符合她作为议员的身份。只有外面是与她关系很亲近的人，她才不会注意服装细节，所以进入议员家将她杀害的不会是推销员。

据此我们可以完善整个推理过程：

杀害女议员的凶手，要么是她的男友，要么是推销员。现在可以确定凶手不是推销员，所以，凶手就是她的男友。

第四节　香烟的证明

案件回溯

一位银行经理布朗先生结束了一天繁忙的工作，开着车回到了家中。他一开门就喊了一声妻子的名字，但却没有得到回应。他走到厨房一看，只见妻子躺在血泊中，早已死去多时了。

布朗先生强忍悲痛，立刻拨打了报警电话。警察赶来后，向布朗先生了解了情况，又通过检验，大概推测其妻子死于下午 3 点到 5 点。在这个时间段可能来拜访布朗家并且有作案嫌疑的有两人，其中一人是夫妻俩共同的朋友豪斯先生，他最近与布朗太太有过几次口角；另一人是正在游说布朗太太购买一份保险的推销员，他可能因为布朗太太的拒绝而恼羞成怒。

警方又对凶案现场进行了详细搜查，但没有提取到有价值的指纹、脚印等线索，可见凶手在行凶之后对现场进行了清理。这时候，一位警察说："我在庭院里找到了半截香烟，好像只抽过几口就被踩灭了。"布朗先生连忙说："这不是我留下的，我没有吸烟的习惯。"

警察立刻追问道："那么，豪斯先生和那名推销员吸烟吗？"布朗先生回忆了一下，用非常肯定的语气说："他们两个都吸烟。"

警察点点头说："那么，我大概知道谁是本案的凶手了。"

请问，你猜到警察心中的答案了吗？

推理分析

由于现场有价值的证据只有那半截香烟，而根据一般人拜访他人家庭的习惯，如果关系比较陌生，就会自觉约束自己的行为举止，以表示对主人的尊重，像进门前踩灭香烟就是很正常的事情。但要是关系非常熟稔，就不太会在乎这样的细节，很有可能一边吸烟一边进屋。由此可见，凶手不会是豪斯先生，因为他没有必要做出踩灭香烟的举动。

于是本案可以通过选言推理得到结论：本案的凶手要么是豪斯先生，要么是推销员；经过调查，凶手不是豪斯先生，所以凶手是推销员。

第五节　谁是嫌疑人

案件回溯

在一个阳光明媚的下午，一个名叫紫藤园的住宅区发生了凶杀案，死者是一个 61 岁的白人男性，他躺在自家的后院中，全身上下伤痕累累，现场到处都是他的血迹。

警长理查德认为，凶案发生时，死者与凶手展开了激烈的搏斗，周围的邻居肯定能够听到一些声响。于是理查德带着几位警员，到周围的几家去收集信息。没想到这些邻居竟没有一家愿意配合，他们都说自己什么都没有听见，也不知道死者与什么人有如此深的仇怨。

警长觉得十分奇怪，后来在调查中才知道死者在这个住宅区中的名声极差，他制造噪声，乱丢垃圾，打骂走进他家草坪的小孩，还曾经开车撞坏几位邻居家花园的篱笆。由于他“恶行累累”，在这一带居住的所有人都不喜欢他，所以在得知他的死讯后，有几位邻居不但不觉得悲伤，反而还有些窃喜的心情。

在这种情况下，警长觉得他们不肯说实话也就不奇怪了，他只能发挥自己的侦破和推理能力，看看凶手是否就在这些人中。

事实上，警长心中已经有了 3 个怀疑对象，他们都和死者发生过激烈冲突。第一个人是水管工杰克，警长去找他的时候，发现他汗流浃背，上衣露出了大块汗渍，警长问他案发时在做什么，他冷冷地回答：“我在楼上修理一张木凳。”警长登上了他家的二楼，发现从某个角度可以俯视死者家的后院，但杰克坚持说自己什么都没注意，警长只好先离开了杰克家。

第二个人是花匠詹森，他被死者的邻居雇用，修剪花园里的常绿植物。这位邻居家的花园与死者家的后园只有一墙之隔，按说詹森会对当时发生的事情听得很清楚，可是他坚持说自己当时一边干活一边戴着耳机听歌，所以什么都没有听见。警长看了看詹森身上满是脏污的工作服，还有沾满泥土的双手，叹了口气，便离开了。

第三个人是年轻的餐馆服务生匹普，他家与死者家的距离也很近。与其他两名嫌疑人相比，匹普面对警长时态度要热情很多，他伸出了自己干净的双手与警长握手，然后邀请警长坐下喝杯咖啡。当警长问他在做什么的时候，匹普说："我今天一天都在地下室里收拾一些陈年的杂物，有书、唱片、旧衣服什么的。东西太多了，我一直不停地忙到现在，还没彻底清理好。所以很抱歉，我什么信息也不能提供给你们了，你知道的，待在地下室里，什么都听不到的。"一口气说完了这些话后，匹普好像松了口气似的，把手在一尘不染的牛仔裤上抹了几下，似乎想要抹去手中的汗水。警长跟着匹普去地下室看了看，发现那里确实有一些纸箱，还有一些被分好类的杂物。

走出地下室的时候，一个警员悄悄地问警长："这可怎么办？他们全都不肯说实话，我们下一步该如何调查？"

警长却笑了起来："不要担心，我已经找到最有嫌疑的人了。"

那么，你知道警长找到的嫌疑人是谁吗？为什么？

推理分析

在这个案件中包含着这样的选言判断：嫌疑人或者是水管工杰克，或者是花匠詹森，或者是餐馆服务生匹普。

为了判断这三个选言支的真假，我们需要从案件中的疑点进行分析。在本案中，死者在死亡前与凶手展开了搏斗，血迹溅的到处都是，凶手身上也不例外。所以警长在与几名嫌疑人接触的时候，分别观察了他们的衣服、手等细节。

水管工杰克和花匠詹森身上虽然没有血迹，却有从事劳动留下的汗渍、污泥等，这与他们的口供是吻合的。而餐馆服务生的形象却让人觉得十分蹊跷，他说自己一直在地下室清理杂物，那么他的身上、手上不可能是“一尘不染”的。可是警长去地下室检查过，发现他确实干过活，这说明了什么呢？

警长认为匹普很有可能是在快干完活的时候出去了一趟，杀死了死者，这时他身上必然沾满了大量血迹，所以他抓紧时间洗了个澡，换下了血衣，并吹干了头发，警长登门拜访时才会看见全身上下清洁干净的他。这时他可能还没有足够的时间处理血衣、凶器等物证，所以警长只要对他家仔细搜索，不难找到一些有力的证据。

至此，我们可以完善整个推理过程：

嫌疑人或者是水管工杰克，或者是花匠詹森，或者是餐馆服务生匹普。经过调查，嫌疑人不是水管工杰克，也不是花匠詹森，所以，凶手就是餐馆服务生匹普。

第六节　逃犯的母亲

案件回溯

2007 年 10 月，浙江省温州市发生了一起故意伤人案件。犯罪嫌疑人杨某因情感纠纷，将受害人宋某砍死。案发后，杨某对自己的犯罪行为非常懊悔，为了逃避法律的追究，他回家辞别了老母亲，就离家逃走了，从此杳无音信。警方多次上门调查，杨母都发誓说没有和儿子联系过。警方只好在网上发布了通缉令，但杨某非常谨慎，一直没有暴露自己的踪迹。

2009 年春节期间，一直对杨母进行暗中监控的刑警突然发现老太太拎着行李箱出门了。为了不打草惊蛇，几位刑警身着便衣悄悄尾随杨母来到了火车站，结果发现杨母购买了去广西某市的火车票。

刑警将这个消息报告给局里后，刑侦大队立刻对这个不同寻常的情况进行了分析。刑警队长提出，一般人们出远门，或者是为了探访亲友，或者是为了旅游休闲，或者是为了工作出差，或者是有一些特殊的目的。根据警方目前掌握的情况来看，杨某家在广西没有亲朋好友，所以杨母前去肯定不是为了探访亲友；另外，杨母已经退休多年，经济条件也很拮据，所以也不可能是为了工作或旅游外出；那么，杨母去广西肯定有自己的特殊目的。比如，她可能要去和自己逃亡在外的儿子见面。

根据这条结论，刑侦大队制订出了行动计划，安排专人乘坐同一列火车前往广西，并与当地警方联系，准备协同作战。没过几天，当杨母和杨某在一间茶楼见面的时候，侦查人员突然现身，将杨某抓获归案。

那么，你能够知道刑警队长具体的推理过程吗？

推理分析

在本案中，刑警队长在推理杨母外出的目的时就采用了选言推理法，具体推理过程如下：

杨母外出或者是为了探访亲友，或者是为了旅游休闲，或者是为了工作出差，或者是有特殊目的；

经过调查，杨母外出不是为了探访亲友，不是为了旅游休闲，也不是为了工作出差；

所以，杨母外出是有特殊目的的。

至于杨母的特殊目的是什么，刑警队长很容易就能联想到她是要和久未谋面的儿子见面，所以警方只要跟随着杨母的行踪，就能够找到杨某的踪迹，并将他成功抓获。

第七节　被移动的女尸

案件回溯

2016 年，在美国佐治亚州某市市郊的荒野中，发现了一具无名女尸。死者是年龄在 23–26 岁的女子，被发现时衣服被撕开，有被性侵的痕迹，头部有 30 多处外伤，死因是大量出血。死者右手臂严重骨折，经法医检验为抵抗伤，说明死者曾经与凶手进行过比较激烈的搏斗。但是在现场却没有发现太多血迹，也没有什么搏斗的痕迹，所以警方断定此处不是第一现场。

那么，第一现场到底在哪里呢？一位警官这样说道："凶手不可能在附近的另一片荒野作案，否则他何苦费力气将尸体转移到一个环境基本相同的地方呢？凶手也不可能在距离此地太远的地方作案，因为我们勘验了现场，没有发现任何车轮印，只有一些杂乱的脚印。可见凶手是徒手将尸体转移到此处的。如果距离太远的话，不但凶手的体力无法支持，还有可能在路上就被人发现。所以我觉得凶手作案的地点离这里并不远，我建议我们以此地为圆心，在一公里范围内进行搜索。"

你认为这位警官的推理有道理吗？为什么？

推理分析

在这个案例中包含了三段论推理和选言推理。首先是在判断发现尸体的地方是不是第一现场的时候，警方采用了三段论推理法：

凡是死者大量出血、有抵抗伤的第一现场应当存在大量血迹和明显的搏斗痕迹，而此案中发现尸体的地方没有存在大量血迹和明显的搏斗痕迹；所以，此案中发现尸体的地方不是第一现场。

而在推理第一现场具体的所在地的时候，警方又采用了选言推理法，那位警官的话语中包含着这样一个选言判断：

第一现场要么在附近的另一片荒野，要么在距离此地太远的地方，要么在距离此地不远的地方。

之后警官分别否定了前两个选言支，所以剩下的选言支“在距离此地不远的地方”就是最终的结论。这个推理过程符合不相容选言推理的第一条规则：否定一个或一部分选言支，必须肯定另一个或另一部分选言支，所以是正确的。

第八节　农药中毒事件

案件回溯

湖北省荆门市的一个小区发生了一起中毒死亡案件。死者是一名姓关的年轻女性，她性格开朗，平时在小区里人缘颇好。这个周末她本来约好了几个邻居，准备一起去郊外踏青，没想到她却没有准时出现在约好的见面地点。几个邻居上门来叫她的时候，发现她的家门大开，没有其他人在。而她靠在客厅的沙发上，已经停止了呼吸，邻居看见她嘴角有大量泡沫，身边还有不少呕吐物，表情极其痛苦。

邻居慌忙报警，警方赶来后，发现死者服用了大量剧毒农药，导致毒发死亡。但是原因却不得而知，警方认为可能的原因有“被他人投毒”“服毒自杀”和“不小心误食”这几种情况。

法医首先否定了“不小心误食”的可能，因为让死者中毒的这种农药在市面上是非常少见的，一般人很难获得。而且死者家庭身处繁华的城市，家中也没有从事农业研究方面工作的人，不太可能接触到农药，更谈不上会误食如此大的剂量了。

至于服毒自杀的可能性，也被邻居排除了。因为死者生活优裕，家庭美满，平时表现得十分乐观。何况她前一天夜里还和邻居通了电话，约好了第二天见面的时间，邻居回忆道：“从声音、语气来看，她的情绪并没有任何异常。”

据此警方确定死者是被人投毒致死。后来经过一番调查，发现凶手就是死者的丈夫。因为死者经常外出交友，他怀疑死者对自己不忠实，所以才想办法买来了一些农药，并骗死者喝下。在死者毒发痛苦挣扎的时候，他匆匆忙忙离开了家，躲在外面，试图为自己制造不在场证据，结果却还是被警方揭穿了。

那么，你知道警方是如何推理死者死因的吗？

推理分析

在这个案件中，警方为了确定死者的死因，首先进行了这样的不相容选言判断：

死者中毒身亡，要么是被他人投毒，要么是服毒自杀，要么是不小心误食农药。

根据调查，警方得到了小前提“不是不小心误食农药，也不是服毒自杀”，那么通过选言推理获得最终的结论就是“被他人投毒”。如此一来，案件的性质也被确定为谋杀案，这为警方之后的侦破工作指明了方向。

第九节　花园谋杀案

案件回溯

2012 年 8 月的一天清晨，在一个小区的小花园附近突然发出了一声惊叫，原来是一名晨练的老年人在经过这里时看见了一具尸体，才会被吓得大叫起来。

警方赶到现场后，发现死者是一名 30 岁左右的女性，系被人用石块多次击打头部致死，警方在尸体附近还找到了染有血迹的尖头石块。另外，警方还发现死者衣着较为整齐，上衣没有完全解开，只缺少一个纽扣。下身穿着的牛仔裤完好无损，拉链、皮带没有被扯开。在牛仔裤的裤兜里，警方还发现了几张叠在一起的人民币，金额有两百多元。

根据上述事实，警方在分析死者的死因时，提出了这几点看法：死者不是被图财害命（凶手没有带走死者裤兜里的钱币），也不是被奸杀（上衣、下裤基本保持完好），那么有可能是仇杀。

不过可能引起仇杀的原因又有不少，如有经济纠纷方面的原因，还有私人怨恨方面的原因。警方通过调查排除了经济纠纷方面的原因，从而认定是私人怨恨方面的原因。之后，警方多次走访该小区和死者的工作单位，从死者的同事、邻居、亲友处搜集了大量的信息，了解到死者为人正直、热情，与同事、邻居没有任何矛盾。但死者和家人的关系却不太好，特别是死者的亲弟弟曾经与死者发生过多次争执。

与此同时，法医也从现场发现的凶器石块上提取到了死者弟弟的指纹。根据这条重要线索，警方立刻对其弟弟进行了拘捕审讯，最终，死者弟弟交代了犯罪经过和犯罪动机。原来死者弟弟因成绩不好在高中时选择了退学，后来一直在社会上游荡，没有正经职业。他看到姐姐工作如意、受人尊敬，不禁心生忌妒，曾几次要求姐姐给自己找一个同样的工作，但遭到姐姐的拒绝。因此他怀恨在心，找了一个机会将姐姐骗到小花园杀害了。

请问，你知道警方在这个案件中采用了什么推理方法吗？警方的具体推理过程又是怎样的呢？

推理分析

在本案中，警方在进行推理时共采用了三次选言推理法：

第一次选言推理：死者的死因要么是图财害命，要么是奸杀，要么是仇杀；经过调查，死者的死因不是图财害命，也不是奸杀，所以，死者的死因就是仇杀。

第二次选言推理：仇杀的原因可能是经济纠纷方面的原因，也可能是私人怨恨方面的原因；经过调查，仇杀的原因不是经济纠纷方面的原因，所以仇杀的原因是私人怨恨方面的原因。

第三次选言推理：私人怨恨或是来自同事，或是来自邻居，或是来自亲友；经过调查，私人怨恨不是来自同事，也不是来自邻居，所以，私人怨恨来自亲友。

就这样，警方通过一次又一次排除不正确的选言支，将死者死因可能的范围一步步缩小，最后获得了确实可靠的结论，抓获了真正的嫌疑人。

第十节　疑案真凶

案件回溯

美国华尔街的一名重量级人物，金融大亨奥康纳先生在一天晚上倒在了自己的书房里。管家发现他的时候，他已经停止了呼吸，身旁有一个打开盖子的药瓶，里面的药片散落了一地。

管家立刻报了警，警方赶到后，发现奥康纳先生的书房窗户紧闭，没有暴力开启的痕迹；书房的钥匙只有奥康纳先生和管家两人持有，其他人无法进入；奥康纳先生在生命的最后一刻仍在努力工作，他的笔记本电脑桌面上，一份“2018 年工作计划”刚刚编写了一半。

警方对那些散落一地的药片进行了检验，发现确实都是治疗心脏病的药品。管家也说奥康纳先生患有比较严重的心脏病，所以警方不排除他是心脏病发意外去世。不过警方没有草率做出结论，而是考虑到了更多的可能。

事实上，奥康纳先生为人孤僻、严厉、吝啬，几乎没有什么朋友，就连几位亲人平时对他也颇有微词，而在生意场上，奥康纳先生更是树敌无数。比如，A 公司的老板就在几天前打电话来质问奥康纳先生一件事，双方互不相让，隔着电话吵得脸红脖子粗；还有奥康纳先生的私人医生理查，也在不久前因为诊金问题和奥康纳先生起过争执，理查认为奥康纳先生不可理喻；而管家则知道，在那段日子里，奥康纳先生的儿子杰克给老人找了不少麻烦。杰克自己经营的一家互联网公司赔了一大笔钱，奥康纳先生不得不自掏腰包为儿子解决问题，所以他心情十分不佳，不是痛骂儿子，就是责怪医生、管家，搞得大家都很不开心……

了解到了这些线索后，警方把这些人都列入了嫌疑人的范围，并逐一进行了审问。经过调查，警方得知，在案发的时间，A 公司的老板正在参加一个酒会，在场证人无数；私人医生理查在自己的诊所值班，有同事和病人可以作证；同样，奥康纳先生的儿子杰克当天也在自己的公司处理业务，他们三人都有不在场证明。而管家因为一直在奥康纳家，没有外出，所以成了唯一没有不在场证明的人。

于是，警方初步认为管家有重大作案嫌疑。然而，管家一再声称自己绝对没有谋害老东家的动机，因为他签过一项特殊的合同：如果能够照顾好奥康纳先生，让他平安活到 85 岁，就可以获得一笔十分可观的退休金。所以他一直尽心竭力地服侍老人，不敢有丝毫怠慢，又怎么可能会对老人下毒手呢？

这下警方的思路又中断了。幸好这时警长想到了一个问题，他拿起药瓶对大家说："其实凶手不在场也完全可以作案，不过就连他自己也不知道此案会在什么时候发生。"

你知道警长的话是什么意思吗？根据警长的推理，本案的真凶到底是谁呢？

推理分析

本案中包含着一系列选言推理。首先是在推断案件性质的时候，警方先做出了一个选言判断："奥康纳先生的死亡，要么因为心脏病突发，要么因为被人谋害。"由于当时掌握的证据还不够充分，所以警方无法对此判断进行推理。

其次是在推理嫌疑人的时候，警方又做出了一个选言推理：“本案嫌疑人，可能是A公司的老板，可能是私人医生理查，可能是管家，也可能是奥康纳先生的儿子杰克。根据调查，嫌疑人不是A公司的老板，不是私人医生理查，也不是奥康纳先生的儿子杰克，所以，嫌疑人就是管家。”

不过，仅仅根据管家没有不在场证明就确定他是凶手未免武断，而管家自己也提供了一个新的证据——特殊合同，由此洗清了自己的嫌疑。

案情陷入了僵局时，警长想到了“不在场也能作案”这个新的依据，而能够做到这一点的只能是医生。因为奥康纳先生服用的药品都是医生配制的，所以他只要在药瓶中放入一颗无效的药片（如维生素等），就能达到杀害奥康纳先生还不留痕迹的效果——奥康纳先生在心脏病发作期间需要服药，如果恰好服下了这颗无效的药片，就很容易病发身亡。当然，就连医生理查自己也不知道奥康纳先生何时会服下这颗药片，所以警长才会在推理之后说出那样一番话。

第十一节　灭门惨案的凶手

案件回溯

2008年11月的一天，在河南省平顶山市发生了一起极其残忍的灭门案件。警方接到报警后立即出动，勘察了犯罪现场。现场在一条街道的一个平房院落内，一进院子就可看到一具男性的尸体，经调查，死者是户主的大儿子，25岁，尸体全身上下有多处利刃砍划的伤口，手臂、手指还有明显的抵抗伤，说明死者与凶手曾经有过激烈的搏斗。

进入平房后，警方又发现了四具尸体，分别是户主、户主的妻子、户主的大儿子和户主的小儿子，这几具尸体的口中都被堵上了布条，手脚也被绳索捆绑，身上还有大量砍划伤口。在现场警方还找到了一把斧头和一把镰刀，斧头和刀身都染有大量血迹，结合几名死者身上伤口的形状和长度，初步可以认定是凶手使用的凶器。

根据现场勘验结果，警方认为凶手不可能是一个人，应当是两人以上作案。又因为在案发前隔壁邻居听见有人喊叫户主的名字，并敲门而入，也可以看出凶手对户主并不陌生，可以排除生人作案的可能。之后，警方对死者一家的社会关系进行了调查和了解，得知户主曾经与生意伙伴严某发生过经济纠纷。警方准备调查严某的时候，却发现严某已经不知所踪，这更让警方对严某产生了强烈的怀疑。

警方对严某的家人进行了教育和说服，其妻子说出了严某藏匿的地点，使警方得以将严某逮捕归案。据严某交代，他是做建材生意的，曾向承接装修工程的死者提供过很多批建材，但最近死者却推说一批地板砖有质量问题，始终不肯支付货款。严某几次上门讨要，都被死者冷嘲热讽，死者的大儿子还曾对严某进行了辱骂和殴打。严某为此怀恨在心，便和两个本家的兄弟合伙作案，将死者一家杀害。

那么，本案中的推理过程是什么样的呢？

推理分析

本案中的选言推理包括对案件性质、作案人数、是否熟人等问题的推理：

案件性质的推理：突然死亡要么是自杀，要么是他杀，要么是意外事件致死；本案经查明不是自杀（死者有抵抗伤），也不是意外事件致死（死者被捆绑，有人为砍划伤口），那么只能是他杀。

作案人数的推理：本案或为一人作案，或为二人以上作案；经查明不是一人作案（凶器有两把，一个人不必使用两种凶器；何况捆绑并杀死四人，其中两人还是有抵抗能力的壮年男子，这也不是一个人能够完成的事情），所以本案为二人以上作案。

是否熟人的推理：本案要么为生人作案，要么为熟人作案；经查明不是生人作案（凶手知道死者的名字，死者也愿意给凶手开门），那么，本案为熟人作案。

正是通过这些选言推理，警方才会更加接近案件的真相，而凶手也无法逃避法律的制裁。

第四章
二难推理法

第一节　制造“二难”陷阱，让对方进退维谷

设置二难困局，让对方乖乖就范

在掌握了假言推理和选言推理的用法之后，我们可以尝试用这两种推理的前提组成一个复合命题，再通过推理构造一个让对方左右为难的“圈套”，使对方陷入被动境地。

这种推理方法就是二难推理法，在使用的时候需要用两个假言判断和一个有两个选言支的选言判断作为前提来进行推理，所以它也被称为“假言选言推理”。比如：

如果小宋选择了出国进修，那么就会影响到年底单位评优；

如果小宋不选择出国进修，那么就会影响到自身技能水平的提高；

小宋或者选择出国进修，或者不选择出国进修；

这就是一个二难推理的前提，它是由两个假言判断和一个选言判断构成的，结论则处于两难境地之间，因为小宋是否选择出国进修都会有失有得。

在刑侦工作中，二难推理常常能够发挥重要的作用，经验丰富的破案专家们非常善于设置各种各样的二难圈套，让对方不得不乖乖就范。

在下面这个案例中，一位民警就用二难推理让一名奸商陷入了困境：

一个星期天，一位民警小尚到某电子城购买电脑。刚走到电子城二楼，小尚就听见前面传来了吵闹声，还有不少人围在一起看热闹。小尚赶紧走了过去，侧耳听了一会儿，大概了解到了以下的情况：

一名顾客许某在二楼的一个柜台购买了一台某著名品牌的平板电脑，可是拿回家使用后发现机器存在不少问题，到专门的检修部门检测后才发现是翻新机。于是许某带着机器回来找柜台老板理论，可老板不但不承认自己有错，还说许某是想对自己进行讹诈。许某非常气愤，拿出了购买时的单据与检修部门开具的证明，对老板说自己要去工商部门投诉。老板这才放软了口气，但还是不承认自己是故意欺诈，反而狡辩说是产品装错了包装盒，可以给许某更换一台正品机，但是不能接受许某提出的赔偿交通费、检测费的要求。

眼见双方争得不可开交，小尚走了过去，问老板："你为什么要把翻新机装进正品机的包装盒，以正品机的价格出售给顾客？"

老板开始不想搭理小尚，直到小尚出示了工作证，老板才不情愿地说："不是我故意把翻新机装进正品机的包装盒，而是在包装时实在找不到原来的盒子，才这么做的。"

小尚平静地问："那你在出售产品的时候有没有把这个情况告诉顾客？"

老板开始说谎："告诉过啊。"

小尚没有揭穿他，继续问道："你说你告诉过，谁能证明？"

老板随手指了指柜台里的一位销售员："他当时也在，他能证明。"那位销售员也连连点头。

小尚追问道："就没有其他的证据了吗？"老板摇头。

小尚不禁笑了："你提供的是无效证据，证人和你有雇佣关系，当然什么话都会顺着你说。"

"这……"老板陷入了沉默……

在这里，小尚实际上就设计了一个“二难推理”，让老板发现自己无论怎么选择都会出问题：

如果老板承认有对顾客进行告知，那么要承担法律责任（因为无法提供有效的证据，属于欺诈行为）；

如果老板承认没有对顾客进行告知，那么要承担法律责任（因为侵犯了顾客的知情权，违背了《消费者权益保护法》）；

老板要么承认有告知，要么承认没有告知（只有这两种选择）；

所以，老板总是要承担法律责任的。

因为老板自己也会发现这一点，所以他只能老老实实地认罪，无法再继续狡辩。这个案例也启发了我们，在遇到类似情境的时候，就可以像民警小尚这样，巧妙地设个“圈套”，让对方不知不觉地钻进去，并陷入困局，之后我们想要从对方口中获取实情，或是想要说服对方做一些事情，就会变得非常顺利了。

当然，我们想要让二难推理达到理想的效果，就需要在设计命题的时候非常小心和仔细，尤其是要注意做好以下几点：

1. 确保二难推理与要解决的问题有关

二难推理的设计不能脱离要解决的实际问题，千万不能为了故意为难对方而编造一些与问题无关的假言命题、选言命题，那样对方可能会拒绝回答，而且就算回答了也无法对解决问题产生帮助，所以我们在设计命题时一定要注意这一点。

2. 确保二难推理只能给对方留下两种选择

二难推理之所以能够让对方陷入左右为难的境地，就是因为对方会发现自己只有两种选择，不可能有更多的选择，这就会让对方的思维受到一定的束缚，使他无法理智地思考，常常会从言语中漏出破绽，或是做出一些错误的举动。

3. 确保任何一种选择都会让对方陷入困境

我们还要注意保证每种选择对于对方来说都会是非常为难的选择，对方会发现无论自己选择选言判断中的哪一个选言支，都会出现不利情况。这也是“二难推理”能够达到预先想要的效果的必要条件。

当然，除了上述几点，我们在设计二难推理的同时，还需要考虑在使用过程中可能会出现的意外情况，然后提前做好准备，以便随机应变，这样才不会给对方留下逃避的机会，更可以迫使对方必须直面选择。

依据有效形式，巧妙构筑“圈套”

想要正确地运用二难推理法，我们就应当掌握它的有效形式，这样才能让自己的思维更加严密，在构筑二难“圈套”时也会感觉更加得心应手。

二难推理的有效形式包括以下四种：

1. 简单构成式

在这种形式中，作为前提的两个假言判断的后件相同，前件不同，而选言判断的选言支肯定两个前件，则结论要肯定后件。用简单的字母来表示就是“如果 A，那么 C；如果 B，那么 C；或者 A，或者 B；所以 C”。

2. 简单破坏式

这种形式与简单构成式相反，作为前提的两个假言判断的前件相同，后件不同，而选言判断的选言支否定两个后件，则结论要否定前件。用简单的字母来表示就是“如果 A，那么 B；如果 A，那么 C；或者不是 B，或者不是 C；所以，不是 A”。

3. 复杂构成式

这种形式比上述两种形式要复杂一些，作为前提的两个假言判断的前件不同，后件也不同，而选言判断的选言支肯定两个前件，则结论也要以选言判断的形式肯定两个后件。用简单的字母来表示就是“如果 A，那么 B；如果 C，那么 D；或者 A，或者 C；所以，或者 B，或者 D”。

4. 复杂破坏式

复杂破坏式作为前提的两个假言判断的前件不同，后件也不同，而选言判断的选言支否定两个后件，则结论也要以选言判断的形式否定两个前件。用简单的字母来表示就是“如果 A，那么 B；如果 C，那么 D；或者不是 B，或者不是 D；所以，或者不是 A，或者不是 C”。

单纯讲解理论，可能会让大家感觉二难推理非常费解，实际情况并非如此。我们不妨来读一读下面这两个有趣的故事，就会对熟练应用二难推理产生信心了。

第一个故事改编自经典逻辑问题“半费之讼”，说的是一对律师师生之间发生的学费纠纷问题：

在英国有一位年轻的律师艾伦，经朋友引荐拜一位大律师为师。由于大律师的收费非常昂贵，艾伦实在无力支付，就与大律师签订了一份合同，约定先支付一半学费，等学成后，按照艾伦第一次出庭打官司的结果决定是否要支付另一半学费：如果艾伦第一次打官司获胜，就立即支付学费；如果第一次打官司失败，就不用支付学费。

两年过去了，大律师将毕生所学毫无保留地教给了艾伦，可是艾伦却产生了赖账的想法。他故意不出庭打官司，却通过为企业担任法律顾问赚了不少钱。大律师对艾伦背信弃义的做法非常不满，他要求艾伦立即支付学费，否则就要到法庭去控告他。艾伦却满不在乎地说："你尽管去告我，我赢了，法庭会宣判我不用付给你学费；我输了，按照合同上的规定，我也不用付给你学费。"

大律师听完，忍不住冷笑道："恐怕你想错了，如果你赢了，按照合同上的规定，你必须付给我学费；如果你输了，法庭也不会允许你继续赖账，你还是得付给我学费。"

双方争执不下，最终不得不对簿公堂。法官了解到了事情的原委后，对艾伦的做法也十分不齿，他想了一个好办法——分两次进行判决。在第一次判决中，法官这样判决道：艾伦获胜，根据合同中的规定，艾伦不用向大律师支付剩余的学费，因为在此之前，他还没有胜诉过任何一场官司。

接着，法官进行了第二次判决：由于第一次判决中艾伦已经获胜，所以根据合同规定，艾伦必须向大律师支付学费。这样艾伦就不能再赖账了，只能按照判决结果向大律师支付学费。

在这个案例中，律师师生都采用了二难推理法，想要给对方制造"圈套"，其中学生的二难推理如下：

如果我这场官司胜诉，那么（按照法庭判决），我不应支付一半学费给老师；

如果我这场官司败诉，那么（按照合同规定），我不应支付一半学费给老师；

我这场官司或者胜诉，或者败诉；

所以，我不应支付一半学费给老师。

我们可以明显看出这是一个简单构成式的二难推理，两个假言判断的后件“不应支付一半学费给老师”相同，前件“胜诉”“败诉”不同，而选言判断的选言支肯定两个前件，所以结论要肯定后件“不应支付一半学费给老师”。

而老师的二难推理如下：

如果学生在这场官司中胜诉，那么（按照合同规定），学生应支付一半学费给我；

如果学生在这场官司中败诉，那么（按照法庭判决），学生应支付一半学费给我；

学生在这场官司中或者胜诉，或者败诉；

所以，学生应支付一半学费给我。

这个二难推理的形式也是简单构成式，大家可以具体分析一下它的结构，就能更好地掌握简单构成式的要点。

而在下面这个名叫《长生不老药》的故事中，出现的推理形式则是复杂构成式的二难推理：

相传在古代有一位皇帝特别迷信，他为了追求长生不老，就从全国各地请来了不少能人异士，为自己炼制丹药。可是这些丹药不但没能达到长寿的效果，反而让一些试药的奴隶中了剧毒。尽管如此，皇帝却并没有对丹药失去信心，反而决定亲自尝试一种号称能让人不老不死的灵丹。

有一位忠实的大臣非常担心皇帝的安危，便想办法买通了宫人，偷走了灵丹，自己服下了。幸运的是，大臣并没有中毒。但皇帝却为此震怒，宣称一定要砍下大臣的头颅，这不禁让百官都为大臣的命运捏了一把汗。

大臣非常机智，他诚恳地对皇帝说：“皇上，我已经服用了灵丹。如果您要杀我，我肯定不会被杀死；如果我被杀死了，那这灵丹肯定就是假药。”

皇帝听完大臣的话后，思索了一会儿，不禁哈哈大笑起来。他忽然意识到自己打算靠所谓的灵丹续命其实是很荒谬的，所以他释放了大臣，并决定停止一切炼药的行为。

在这个故事中，大臣采用的也是二难推理法，其推理过程如下：

如果灵药真的有效，那么你就杀不死我；

如果你真的杀死了我，那么灵药就是假的；

或者灵药真的有效，或者你真的杀死了我；

所以，或者你杀不死我，或者灵药是假的。

在这个复杂构成式的二难推理中，作为前提的两个假言判断的前件不同，后件也不同，而选言判断的选言支肯定两个前件“灵药真的有效”“你真的杀死了我”，那么结论也要以选言判断的形式肯定两个后件“你杀不死我”“灵药是假的”。

从这些故事中，我们可以对二难推理的各种形式有更好的认识，也可以在日常生活和工作中，根据实际情况，熟练灵活地应用，就能够感受到二难推理给我们带来的便利了。

第二节　装聋作哑的嫌疑人

案件回溯

一家公司的财务室发生了失窃案，出纳没有来得及收好的三万元现金不翼而飞。警方在进行调查后，排除了几位工作人员的嫌疑。而会计想起了一件事：在现金丢失的时间段，清洁工曾经进过财务室。

这名清洁工是新来到单位的，大家都没有和他发生过交流，只觉得他这个人非常沉默寡言。而在警方开始盘问清洁工的时候，他更是一言不发，好像什么都听不见，也不能发出声音。

刑警老韩怀疑清洁工是在装聋作哑，但他并没有立刻揭穿，而是一连问了十几个与本案相关的问题，而清洁工始终不做一声。半个小时后，老韩装出了失去耐心的样子，把手中的笔录随手扔到一边，然后气呼呼地走到清洁工身边，对他说了一句话。没想到这短短的一句话却让清洁工露出了马脚，最终他不得不交代了自己偷走现金的罪行。

那么，你知道老韩对清洁工说了一句什么话吗？

推理分析

老韩对清洁工说的话是："你可以走了。"这句话实际上会让清洁工陷入一个两难圈套：如果清洁工继续假装聋哑人，他不能离开审讯室；如果清洁工不再假装聋哑人，他就会露出马脚（明明听不见，却还往外走）。

清洁工只有"继续假装聋哑人"和"不再假装聋哑人"这两种选择，而任何一种选择对他都是不利的。又因为老韩之前一直在假装失去耐心，这会让清洁工逐渐放松戒备，这样当老韩突然说他可以离开的时候，清洁工很有可能会忘记继续假装，而选择直接往外走，这就能够证明他不是真正的聋哑人了。

第三节　狡猾的偷车贼

案件回溯

江苏南京市的几个小区最近连续发生了多起电动车被窃案件，当地派出所在接到报案后迅速出动，但是由于嫌疑人非常狡猾，民警一直没能找到有力的线索。

这一天，民警小马到其中一个小区进行摸查，在一个单元门前，他看到一个样子十分可疑的中年男子正推着一辆电动车向外走。小马连忙走过去拦住男子，问他："这是你的电动车吗？"

男子看到了小马身上的警服，不但不慌张，反而态度嚣张地反问道："这不是我的车，难道是你的吗？"

小马并不生气，用平静的语气让男子将行驶证拿出来检查，男子显然早有准备，马上从衣服口袋里掏出了一本皱巴巴的行驶证。小马接过来翻看了几分钟，发现这本行驶证非常陈旧，照片有些模糊，印章的颜色、大小也有问题。

小马对男子说："我怀疑这辆车不是你的，走，跟我到所里去做一下笔录。"

男子立刻叫嚷起来了："我有行驶证，上面型号、车号都没问题，你凭什么说这不是我的车？"

小马冷静地推理道："因为你的行驶证太旧了，这辆车却是崭新的。如果你的行驶证是真的，这辆车（这么新）肯定不是你的；如果你的行驶证是假的，这辆车肯定也不是你的。不管你的行驶证是真的还是假的，这辆车都不是你的。”

小马把男子说得哑口无言，他只好跟着小马到派出所接受审讯。在审讯中，他不得不承认自己就是多起电动车被窃案的主谋，除他以外还有两名窃贼与他一起合伙作案。他们一个负责踩点，一个负责伪造相应的行驶证，而这名男子则负责寻找机会盗走电动车。

请问，你知道小马给偷车贼设置的二难“圈套”是什么样的吗？

推理分析

在这个案件中，民警小马之所以能够揭穿这名狡猾的偷车贼，就是因为他巧妙地使用了二难推理，让对方无法再继续狡辩。这个二难推理如下：

如果你的行驶证是真的，这辆车肯定不是你的；

如果你的行驶证是假的，这辆车肯定也不是你的；

你的行驶证或者是真的，或者是假的；

所以，这辆车肯定不是你的。

这是一个简单构成式的二难推理，它会让偷车贼发现自己处于一种左右为难的境地，无论行驶证真假与否，他都无法证明电动车是自己的。所以他只能停止狡辩，并老老实实地向民警承认自己的罪行。

第四节 冒领钱包的男子

案件回溯

一天上午，一辆公交汽车正在行驶中，突然乘务员小李举着一只黑色的钱包叫起来："这是哪位乘客遗失的钱包？"

这天车上的乘客不多，只有十几个人，听到小李的叫声后，大家都不由自主地看过去，只见那个钱包鼓鼓囊囊的，看样子里面装有不少现金。一个30多岁的男子站了起来，一边向小李走去，一边大声说："这是我的钱包，赶快还给我！"

小李当然不能仅凭一句话就把钱包交给他，正要核实他的身份，男子却摆出了一副恶狠狠的表情，对小李说："我说是我的，就是我的，赶紧给我，要不我就揍你了！"说着，男子还撸起了袖子，给小李看自己手臂上的文身，似乎想用这种办法吓唬小李。

小李并不害怕，仍然坚持让男子提供自己是钱包主人的证明。其他乘客也纷纷指责男子的行为，说他不该这样对待拾金不昧的乘务员。

这时候，司机老马想了个办法，说："这样吧，我把车开到派出所，让民警同志来问个清楚，大家也配合我们一下，给我们做个证。"这个主意得到了大家的支持，那名男子也不服气地说："去就去，谁怕谁。"于是，老马直接把公交汽车开到了最近的派出所。

到了派出所后，小李把钱包交给了值班民警，民警当着他们的面打开了钱包，看到里面有厚厚的一沓人民币和数张银行卡、会员卡。男子对民警说："民警同志，这就是我的钱包。您看，里面这些卡片，都是我消费积分后获得的。"

民警想了想，问男子："那你说说钱包里到底有多少钱，多少张卡吧？"男子一听，露出了为难的表情："我这个人很糊涂的，放了多少钱在钱包心里没数。"

民警又问："你说个大概的数字就可以，这总不会说不出来吧？还有这些卡片，你说说都是在从哪家店铺消费获得的，也不用你都说出来，说出三张就可以。"

男子眼巴巴地望着钱包，吞吞吐吐地说："人民币有三千元吧，卡是超市给的……"

民警把现金拿出来数了数，共4256元，卡片有健身房的、百货公司的、药店的、餐厅的，就是没有超市的。

民警严肃地对男子说："这个钱包根本就不是你的。我告诉你，冒领钱包可是要负法律责任的。"

男子一听，连连摇头："对不起，对不起，我记错了，这确实不是我的钱包……"

请问，在这个案件中，民警采用了什么样的推理方法呢？

推理分析

在这个案件中，民警给冒领钱包者设下了一个二难圈套（问他钱包里到底有多少钱、多少卡）：

如果冒领钱包者承认自己不知道（钱包里有什么），那么他不能拿走这个钱包（钱包显然不是他的）；

如果冒领钱包者胡乱猜测答案，那么他不能拿走这个钱包（答案不符合事实，钱包肯定不是他的）；

冒领钱包者要么承认自己不知道，要么胡乱猜测答案；

所以，冒领钱包者不能拿走这个钱包。

从这个二难推理中可以发现，无论冒领钱包者做出怎么样的选择，他都不可能拿走这个钱包。当然他可能会抱着碰碰运气的心理，胡乱说个答案，可是答案与事实吻合的可能性几乎为零，所以他想要冒领钱包的企图是不可能得逞的。

第五节　金额不明的美金

案件回溯

2013年，一家外贸公司的负责人向当地检察院报案，称公司的一位高管林某涉嫌贪污，涉案金额包括30万元人民币和1万多美元的美金。

检察官将林某带回讯问，但林某对贪污一事矢口否认，再加上人民币来源众多，一时之间也难以查清，所以检察院决定从数量较少的美金出发，寻找案件的突破口。在讯问过程中，林某说："我家确实有少量美金，这是很正常的。我因工作关系每年都要到美国出差，换一点美金使用难道也违反法律规定吗？"

负责审讯的检察官知道林某是在狡辩，便问他具体有多少美金。结果林某说自己家里只有不超过1000美元的美金。

检察官立刻赶到林某家，对林某的妻子做了思想工作，希望她能够将林某的不明收入全部交出来。林某的妻子一开始也试图用少量美金来搪塞问题，不过她并不知道林某交代的具体数额。检察官注意到这一点后，就这样对林某的妻子说："如果你交代的金额大于林某交代的金额，那林某就是在说谎；如果你交代的金额小于林某交代的金额，那你就是在说谎。"

林某的妻子左右为难、犹豫不决，检察官又向她指出了作伪证和窝藏赃款需要承担严重的法律责任，她的心理防线被检察官完全攻破，只好承认林某确实收受了不少贿赂。之后她不但交出了全部的美金赃款，还交出了全部的人民币赃款。

那么，本案中检察官使用了什么推理方法呢？

推理分析

为了说服林某的妻子，检察官采用了这样的二难推理：

如果妻子交代的金额大于林某交代的金额，那林某就是在说谎；

如果妻子交代的金额小于林某交代的金额，那妻子就是在说谎；

妻子交代的金额或者大于林某交代的金额，或者小于林某交代的金额；

所以，或者林某在说谎，或者妻子在说谎。

于是妻子就会知道，自己无论做出什么样的选择，最终都会让自己或丈夫处于不利境地，那么与其出现这样的结果，还不如老老实实地交代真相，以求获得宽大处理。也正是因为如此，检察官才能找到案情的突破口，将此案圆满解决。

第六节　流窜犯的惋惜

案件回溯

山西省大同市的一个公安局曾抓获了几名流窜盗窃犯，为人民群众追回了部分损失。在审讯主犯欧某的时候，他用惋惜的语气说："其实我早就决定离开大同了。我准备先到河南去，我老家就是河南的；我还想过去广西，那里有我一个关系特别好的朋友；不管去河南，还是去广西，都有人帮着掩护我，我就不会被抓住了。"

负责审讯欧某的刑警当然知道他这段话纯属无稽之谈，刑警也看出欧某还存在侥幸心理，不打算如实交代问题。于是刑警便用这样一段话对他的歪理进行了驳斥："我们对你的情况非常了解，搜集了大量的线索。如果你逃到河南，我们可以根据你的籍贯信息，找到你的藏身之处；如果你逃到广西，我们可以根据你的社会关系信息，找到你的藏身之处。所以，我可以毫不夸张地说，不管你逃到哪里，最终都会被抓获归案。”

欧某不得不承认刑警分析得很有道理，他的气焰也不再嚣张，开始老老实实地配合审讯工作，交代了很多有价值的线索。

请问，刑警采用了什么样的推理方法对欧某进行驳斥呢？

推理分析

在这个案件中，欧某那段惋惜的话其实就是一个简单构成式的二难推理：

如果我逃到河南去，（会有人掩护我），不会被抓获；

如果我逃到广西去，（会有人掩护我），不会被抓获；

我或者逃到河南去，或者逃到广西去；

所以，我不会被抓获。

这个二难推理在形式上虽然没有问题，但前提却是虚假的，两个假言判断的前后件之间的逻辑关系是不正确的，即“逃到河南”“逃到广西”不一定能够推出“不会被抓住”，前后件之间无法构成充分条件关系，所以最终推出的结论也是错误的。

刑警为了破斥欧某错误的二难推理，就构造了一个相反的二难推理：

如果你逃到河南去，（根据籍贯信息），你会被抓获归案；

如果你逃到广西去，（根据社会关系信息），你会被抓获归案；

你或者逃到河南去，或者逃到广西去；

所以，你会被抓获归案。

在这里，刑警保留了欧某提出的二难推理的假言判断的前件“逃到河南”“逃到广西”，然后引出相反的后件“会被抓获”，从而可以推出与欧某的结论完全相反的结论，让欧某哑口无言。

第七节　雇凶杀夫

案件回溯

某市发生了一起雇凶杀夫案件，雇凶者是一名 41 岁的中年女性陈某，她经常与丈夫潘某因为家庭琐事争吵不休，有时双方还会互施拳脚。2009 年 11 月，陈某感觉对丈夫已经忍无可忍，便想出了雇凶杀人的计划。她与社会人士张某联系，以 20 万元人民币的价格雇用了唐某。唐某在收款后，向陈某了解了其丈夫潘某的作息计划，在一个夜晚，埋伏在潘某下班必经的一条小巷里。待潘某出现后，唐某用事先准备好的木棍猛击潘某的头部，致使潘某因颅脑严重受损导致中枢神经功能衰竭而死亡。

案发后不久，警方接到了群众举报，将唐某逮捕归案。不过唐某非常善于狡辩，他不但不承认自己杀害了潘某，反而还对审讯人员发出了质问：“我根本不认识潘某，和他无怨无仇，怎么能说我是杀人犯呢？”审讯人员听到了唐某的诡辩后，立刻对其进行驳斥：“谁说非得和受害人熟悉，或者有怨有仇才能作案？我们已经掌握了你和受害人妻子陈某之间的通话记录，还有陈某从网上银行给你转账的记录，你总不会说你和陈某也不熟吧？”

唐某没想到警方这么快就掌握了这么多证据，他知道自己再狡辩也是徒劳，便只好承认了自己的犯罪事实。事后，唐某、陈某都遭到了法律的严惩，而为他们牵线搭桥的社会人士张某虽然没有从本案中获利，但在共同犯罪中属于从犯，所以也接受了必要的处罚。

唐某的辩解为什么不正确？警方又使用了什么推理方法对其进行驳斥呢？

推理分析

在本案中，唐某就采用了一个荒谬的二难推理为自己辩解：

如果我是凶手，那么我应当与受害人比较熟悉；

如果我是凶手，那么我应当与受害人有怨有仇；

可是我和受害人既不熟悉，也无怨无仇；

所以，我不是凶手。

这是一个简单破坏式的二难推理，作为前提的两个假言判断的前件“我是凶手”相同，后件不同，而选言判断的选言支否定两个后件“与受害人比较熟悉”“与受害人有怨有仇”，所以结论也要否定前件。

这个二难推理的推理形式虽然是正确的，可是前提却不真实，两个假言判断的前后件逻辑关系是不正确（“是凶手”和“与受害人比较熟悉”“与受害人有怨有仇”并不构成充分条件关系），所以警方就由此进行了驳斥，指出其结论是没有意义的。

第八节　兄弟遗产纠纷

案件回溯

2017 年，浙江省海宁市发生了一起遗产继承纠纷案件。本案的当事人是死者朱某的两个儿子朱某文和朱某武。朱某去世前，由于腿脚不便，生活无法自理，便长期与大儿子朱某文一家生活在一起。小儿子朱某武在外地工作，也曾经提出过想接父亲去外地，但父亲不愿为他添麻烦，便拒绝了他。

2017 年 4 月，朱某突发心脏病，抢救无效死亡。他留下的遗产包括两套住房和 4 万元存款，朱某武提出和哥哥朱某文平分遗产，被朱某文当场拒绝。朱某文拿出了一张皱巴巴的纸条，只见上面写着一行字“我的全部遗产包括 ×× 路的一套 130 平方米的房子，×× 小区的一套 90 平方米的住房，银行存款 4 万元，现在全部留给儿子朱某文”，在这行文字的下方还有朱某签下的歪歪扭扭的签名。朱某文对弟弟说：“我辛辛苦苦照顾父亲多年，父亲多次说过要将遗产全部留给我，现在遗嘱也在我手中，你就不要争了，免得伤了兄弟之间的和气。”

对于这样的结果，朱某武自然很不满意，他据理力争道：“并不是我不想照顾父亲，只是我住在外地，条件有限制。但我每个月都给你们寄来了父亲的生活费，逢年过节还有礼物，我也算尽心了吧，怎么能说遗产没有我的份呢？况且你这张纸条皱巴巴的，是不是真的遗嘱还不好说。”

兄弟二人争执不下，只得选择对簿公堂。到了法庭上，朱某文忽然提出朱某武到外地创业时曾经向父亲借过 8 万元钱，一直没有归还，要求法院在审判遗产纠纷案的同时将这笔欠款也计算在内。朱某武一听十分生气，连声说自己从未向父亲借过任何钱。

审判人员经过深思熟虑后，便向朱某文提了一个问题：“你父亲写遗嘱的时候神志是否清楚？”朱某文本想说“不清楚”，但马上想到这会影响遗嘱的法律效力。于是他赶紧回答：“很清楚，老人说话清晰，思路流畅。”

审判人员一听，马上问道：“那就奇怪了，既然你父亲神志清楚，连银行里有 4 万元存款都记得，那就更应该记得借给朱某武的 8 万元钱，可是他怎么在遗嘱中只字不提呢？”朱某文对这个问题无从回答，最后只好承认自己在8万元的问题上说了谎。审判人员更乘胜追击，通过一系列的发问和驳斥让朱某文不得不承认遗嘱也是他伪造的，是他趁着父亲神志不清楚的时候拉着父亲的手写在纸条上的。

最终，朱某文因为伪造遗嘱被追究了法律责任，而朱某的遗产也被平均分配给了两兄弟。

那么，在本案中审判人员使用的推理方法是什么呢？

推理分析

在本案中，审判人员为了从朱某文口中套出实情，就巧妙地设计了一个二难“圈套”，让朱某文感到左右为难。

这个二难推理具体如下：

如果朱某文承认父亲写遗嘱时神志不清楚，那么遗嘱就会失去法律效力（财产不能全部留给朱某文）；

如果朱某文承认父亲写遗嘱时神志清楚，那么朱某文就不能向朱某武追索欠款（父亲没有在遗嘱中提及欠款，缺乏证据证明欠款的真实性）；

朱某文或者承认父亲写遗嘱时神志不清楚，或者承认父亲写遗嘱时神志清楚；

所以，或者遗嘱失去法律效力，或者朱某文不能向朱某武追索欠款。

也就是说，朱某文无论如何辩解，都会让自己落入不利的境地。如果承认父亲写遗嘱时神志不清楚，就很可能暴露自己伪造遗嘱的事实，需要承担法律责任；如果承认父亲写遗嘱时神志清楚，就证明欠款一说纯属无稽之谈，无法向弟弟追索欠款。朱某文在权衡利弊后，会选择承认父亲神志清楚，但聪明的审判人员最终还是查明了真相，证明了遗嘱确实是他伪造的，才使得本案得以圆满解决。

第九节　心术不正的高利贷者

案件回溯

法国尼斯有一个小商人巴蒂斯特因为遇到了经营困难，不得不向高利贷者夏尔借了 5000 欧元。夏尔要求巴蒂斯特用房产作为抵押，双方还签署了合同，如果巴蒂斯特在一年内无法偿还本金和利息，就用自己的一套住所来抵偿。

巴蒂斯特拿到借款后不久，生意有了很大的起色，手头积攒的现金也越来越多。这天，他来到夏尔家，告诉对方自己决定提前还款，并拿出了 5000 欧元交给夏尔，让夏尔签写一下收据，等到自己手头现金充裕的时候再偿还利息 1500 欧元。

夏尔拿走了钱，对巴蒂斯特说："没有必要签收据，我在这条街上经营了十几年，大家都知道我的人品，难道你还信不过我吗？"

巴蒂斯特怕夏尔生气，也就没有坚持要收据。过了一个月，巴蒂斯特带着 1500 欧元又来找夏尔，没想到夏尔一口咬定巴蒂斯特没有还过 5000 欧元，要求他一次还清 6500 欧元。巴蒂斯特十分气愤，从夏尔家出来后，马上报了警，说夏尔有欺诈的意图，但当警察要求他出示证据的时候，巴蒂斯特却什么都拿不出来，这无疑让他处于非常不利的境地。

不过夏尔并不是第一次做这种欺诈的勾当，警方也早就知道他心术不正，为了让他低头认罪，警方想了个好主意。警方将夏尔带到警局讯问，说有一桩抢劫案的嫌疑人已经供认夏尔家就是赃款中转站，现在有 5000

欧元赃款就藏在夏尔家中。夏尔一听到这个消息，顿时吓坏了，他连连摇头说自己没有参与抢劫案，那5000欧元都是巴蒂斯特还给自己的欠款，警方如果不相信，可以把巴蒂斯特叫来对质……

本案就这样解决了，警方对夏尔进行了警告处罚，还让他签署了证明文件，夏尔乖乖照做。经过这次教训后，他再也不敢做这种欺骗借款人的勾当了。

请问，警方在为狡猾的高利贷者设置圈套时采用了什么推理方法呢？

推理分析

在本案中，显然并没有什么抢劫犯供认了夏尔窝藏赃款的事情，这只是警方为了让夏尔吐露实情而想出的计谋。事实上，警方为夏尔设置了一个复杂构成式的二难推理，让他陷入了左右为难的境地：

如果夏尔承认钱是巴蒂斯特还给自己的欠款，那就说明他之前在说谎；

如果夏尔不承认钱是巴蒂斯特还给自己的欠款，那就说明他是抢劫犯的共犯；

夏尔或者承认，或者不承认，

所以，夏尔或者在说谎，或者是抢劫犯的共犯。

夏尔当然知道自己只有这两种选择，而且两种选择都对自己不利。如果承认的话，会骗不到5000欧元，还会遭到警方的警告；如果不承认的话，就要被牵涉到抢劫案中，而且根据警方的口气来看，抢劫案的案情还比较严重，那么自己很有可能要承担严重的法律责任，所以从“两害相权取其轻”的思维来考虑，夏尔选择承认会让自己受到的损失更小，所以他才会毫不犹豫地说那5000欧元都是巴蒂斯特还给自己的欠款。

第五章

联言推理法

第一节　收集真实信息，得出可靠结论

组合零碎信息，缩小侦查范围

在进行推理和判断的时候，我们有时也会遇到同一事物或问题的几种情形同时存在的情况，这时我们就需要用到联言判断和联言推理以获得结论。

比如，“张荣是刑警，李菊也是刑警；所以，张荣和李菊都是刑警”。这就是一个典型的联言推理，其中“张荣是刑警，李菊也是刑警”是一个联言判断，它断定了两种情况同时并存，“张荣和李菊都是刑警”则是根据联言判断的逻辑关系获得的结论。

进一步来看，联言判断还是由两个或两个以上的联言支组成的，联言支与联言支之间还常常由联结项连接。比如，“刑警贾磊既富有专业知识，又善于进行推理”。这个联言判断中就有两个联言支，而联结项是“既……又……”。联言判断中常用的联结项还有“……也……”“……并且……”“不但……而且……”“虽然……但是……”“一方面……另一方面……”，等等。

对于破案专家来说，联言推理法虽然非常简单，但是在侦破工作中却必不可少。因为在案件侦查中，从各个方面利用各种方法搜集到的情况往往是比较零碎的，也很片面，不利于我们正确地把握案情。而在使用联言推理法后，我们就能够将零碎的信息进行组合、浓缩，这样原本不够具体

的对象就会变得具体起来，我们需要调查和研究的范围也会大大缩小。

在下面这个案例中，警方就采用了联言推理法缩小了对嫌疑犯的侦查范围：

1998年，北京市某派出所接到报警，称一处四合院内发生了一起凶杀案，死者是一位独居的中年男子。由于该四合院内居住人口较多，案发时人来人往，使得现场遭到了一定程度的破坏，警方没有发现多少有力证据。

后来警方对该四合院内的居民进行了逐一的调查，并收集到了一些有力的口供消息：

居民赵大伯说："我今天中午看到一个男子来找被害人，平时一般没什么人会来找他，所以我就多看了几眼。不过我只看到了背影，感觉那人非常瘦削，身高应该在1.75米左右。"

居民刘大妈说："确实有个男青年来找被害人，看上去很年轻，我估计不超过25岁。对了，他脸上有不少青春痘。"

居民钱大爷说："我也看见那个人了，他身上穿着一件黑色的皮夹克，有点旧。他好像和被害人认识，我看他们在门口说了几句话，被害人就让他进去了。之后我就回屋了，没多久就听见外面有人喊'杀人了'。"

居民何女士说："我租的一居室就在被害人旁边，他俩在门口说话的时候，声音挺大，我听见了几句，发现那个男子说一口方言，大概是江浙那边的口音吧。"

根据几位居民的口供，警方判断嫌疑人应该具有以下特征：身高1.75米左右，年龄不超过25岁，身材瘦削，脸上有不少青春痘，说江浙地区方言，穿一件半旧黑色皮夹克，与被害人互相认识。这样一来，警方的调查方向就变得清楚多了，他们根据这些线索，很快就找到了嫌疑人，并最终确定他就是本案的凶手。

在本案中，警方在推理嫌疑人的特征的时候采用的显然就是联言推理法，具体的推理过程如下：

本案嫌疑人是身高 1.75 米，身材瘦削的人；

本案嫌疑人是不超过 25 岁，脸上有不少青春痘的人；

本案嫌疑人是穿着半旧黑色皮夹克，与被害人相识的人；

本案嫌疑人是说江浙地区方言的人。

所以，本案的嫌疑人是一名“身高 1.75 米左右，年龄不超过 25 岁，身材瘦削，脸上有不少青春痘，说江浙地区方言，穿一件半旧黑色皮夹克，与被害人互相认识”的人。

在这个推理中，警方得到的结论就是将联言判断中所有的联言支进行浓缩而形成的复合概念。借助这个复合概念，警方在办案时思路会更加清晰，目标会更加集中，办案效率也会大大提高。

学会合成与分解，案情昭然若揭

联言推理是一种非常简单的推理方式，所以常常被人们忽视。但事实上，任何推理都需要遵守一定的规则，并且要按照有效形式进行推理，才能获得正确的结论。所以我们不能忽视对联言推理的形式与规则的研究。

联言推理有两种有效形式，即合成式（也叫组合式）和分解式。

1. 联言推理的合成式

在上节警方推理嫌疑人特征的案例中，采用的就是组合式的联言推理法，它是警方根据所有的联言支进行合成后得到结论。其形式用简单的字母来表示就是“A；B；所以 A 并且 B”。例如“张琼非常美丽，张琼非常温柔；所以张琼美丽且温柔”，这就是一个非常标准的合成式联言推理，表示在要研究的对象身上，“美丽”与“温柔”这两种属性是同时存在的。

在现实生活和工作中，我们在组合联言支的时候，有时候还需要进行压缩、概括，使得到的结论更加精准，如联言判断是“田中是日本人，田中是著名教授”，我们在进行推理时就不能简单地将联言支组合为“所以，田中是日本人著名教授”，而是要适当加工一下，变成“所以，田中是日本著名教授”。

同样，对于联言判断“蒋娜是女性，蒋娜是法医”，也可以推理为“所以，蒋娜是女法医”，通过适当的加工后，得到的结论会更符合我们的思维习惯和语言习惯，也就更能够指导我们解决问题。

需要指出的是，要保证合成式联言推理的结论是真实有效的，就需要注意以下两点：

（1）确保联言支为真

在进行合成式联言推理时，我们首先应当确定各个联言支的正确性，这样这些联言支构成的联言结论才会更加可靠。否则要是有一个联言支不符合事实，组合后得到的结论也就会出现偏离事实的问题。就像在上节案例中，警方通过收集几位住户的口供进行了联言判断，“组合”出了嫌疑人的特征，可要是其中一位住户的记忆出现问题，导致口供出现偏差，那么“组合”而成的嫌疑人特征也就不具有可靠性了。所以警方需要对口供进行反复核实，确保每一个可用的线索都是真实的，这样才能获得有效的联言推理。

（2）避免在合成时缩小概念外延

在合成联言支的时候，我们还需要注意避免犯“缩小概念外延”的问题。比如，对于联言判断“沈晶晶是一位演员，沈晶晶会跳舞”，有人将其合成为“所以，沈晶晶是一位舞蹈演员”，这个结论就是不正确的。正确的结论应当是“所以，沈晶晶是一位会跳舞的演员”。

在这个例子中，我们可以发现“舞蹈演员”的概念外延是小于“会跳舞的演员”的，因为会跳舞的演员包括舞蹈演员和其他各种类型会跳舞的演员，所以推理为“舞蹈演员”显然就造成了结论的不全面和不准确，这也是我们在进行合成时需要特别注意的问题。

2. 联言推理的分解式

联言推理的分解式与组合式正好相反，它是将联言判断进行分解，这样推出的结论就是其中任何一个联言支。分解式的形式用简单的字母来表示就是“A 并且 B；所以 A”或者“A 并且 B，所以 B”。例如“邢伟擅长审讯，并且精于推理；所以，邢伟精于推理”，这就是一个非常标准的联言推理的分解式，结论正是联言判断“擅长审讯，并且精于推理”中的一个联言支。

分解式联言推理在应用时，也要注意确保联言判断是真实正确的，这样对其进行分解，得到的每一个联言支才会是正确的。

第二节　绑匪的阴谋

案件回溯

美国旧金山一位大富翁的女儿珍妮特被人绑架了，绑匪拨打了富翁的电话，对他说：“我们只要 10 万美元赎金，这对你来说只是个小数目。所以你千万不要耍花样，也不要报警，只要把钱包装好，在明天上午 10 点准时到邮局邮寄就可以了，地址是西雅图市梅地亚大街 41 号。”

绑匪说完这段话就挂了电话，富翁心中惴惴不安。他非常担心女儿的安全，猜测绑匪一定在暗中观察自己的行动，所以就没有报警，而是找了一名私家侦探杰罗德，问他这件事该如何处理。

杰罗德在接手此案后，首先调查了绑匪提供的地址，发现在西雅图市根本就没有绑匪所说的街道和门牌号。杰罗德感到十分奇怪，他不知道绑匪为什么要这么做，难道他不想收到这笔赎金了吗？

杰罗德冥思苦想，终于想明白了一个关键问题，并确定了绑匪的身份。之后，他悄悄与警方联系，抓住了那名绑匪，救出了富翁的女儿。

你知道杰罗德是如何推理出绑匪的身份的吗？

推理分析

绑匪是不会白白丢下赎金不取的，他虽然给出了错误的地址，却还是有办法拿到赎金。据此，杰罗德推断他肯定是能够拿到邮寄包裹的人，而且他要知道富翁会在哪一个邮局投递包裹，才能赶在其他工作人员接触到包裹之前转移赎金。

于是，本案出现了一个联言推理："嫌疑人是能够拿到邮寄包裹的人，并且嫌疑人是知道富翁会在哪一个邮局投递包裹的人；所以嫌疑人是知道富翁会在哪一个邮局投递包裹并能够拿到包裹的人。"

从这个联言推理中，不难看出符合条件的嫌疑人就是在当地邮局办理接收包裹业务的工作人员。

第三节　消失的凶器

案件回溯

在一家桑拿浴室发生了凶杀案。死者是一名正值壮年的男子，他的心脏被人用利器刺穿，导致当场死亡。浴室老板立刻报了警，并按照警方的要求封锁了浴室，扣留了所有顾客。等警方赶来后，对浴室、更衣室、员工办公室进行了详细的搜索，却始终没有发现凶器的影子。警方询问了浴室老板，老板非常肯定地说："我一听见里面出事，就让员工锁住了前后门，所以凶手不可能在我们眼皮底下逃出去，更没有机会把凶器藏到浴室外。"

一把能够让人致死的凶器怎么会不翼而飞呢？这个问题让刑警队长感到十分疑惑。他再一次来到现场，仔细观察，想看看自己有没有漏掉什么线索。正在这时，他注意到死者附近有一只保温壶。他问浴室老板："这是你们的东西吗？"老板用奇怪的口吻说："当然不是，谁会往桑拿浴室里拿这种东西！"

这下刑警队长觉得心中有数了，他戴上手套，走过去试着拎了一下保温壶，感觉里面是空的，这让他更加肯定了，他说："我知道凶器是什么了。"

你是否已经猜到刑警队长心中的答案了呢？

推理分析

这个案例中埋藏着这样一个联言推理：

凶器是具有杀伤力的利器；

凶器是需要装进保温壶才能使用的利器；

凶器是使用后会消失的利器；

所以，凶器是具有杀伤力的，需要装进保温壶才能使用，而且是用后会消失的利器。

那么，符合这个联言推理结论的利器只有可能是冰做的利器，狡猾的凶手先将冰做的利器放进保温壶带进了桑拿浴室，然后拿出利器杀害了被害人。之后，在高温的蒸汽浴室内，冰做的利器很快就会化为一摊清水，所以警方四处查找也没有找到凶器的影子。但是现在刑警队长发现了保温壶这个重要的线索，所以只要调查出是谁拿着保温壶走进了浴室，就可以确定他就是凶手。

第四节　狮子的微笑

案件回溯

“天使”马戏团是一个备受观众喜爱的团队，他们经常在美国的一些乡村小镇进行巡回演出，每次演出都受到了当地观众的热烈追捧。

在马戏团的众多节目中，海伦的驯兽表演堪称压轴好戏。拥有一头闪亮金发和迷人微笑的海伦一出场，就能赢得台下观众的阵阵掌声，再看到她与一头头猛兽之间亲密无间的互动，观众们更是如痴如醉。

海伦最好的“搭档”是一头名叫帕克的雄狮，经过多年驯养，帕克和海伦之间已经形成了足够的默契，海伦发出的指令，帕克都能听话地执行。哪怕海伦将自己的头部放进帕克的嘴里，帕克也不会撕咬，而是会张开大嘴，一点都不会碰破海伦的头皮，这种惊险刺激的表演总是让观众赞不绝口。

这天海伦又决定表演一次“狮口逃生”，她温柔地对帕克说：“亲爱的，我要把头放进你的嘴里了，要小心保护我啊。”帕克没有像往常那样温顺地点头，而是做出了一个有点像微笑的表情，这让海伦觉得有点奇怪，但她没有多想，还是俯下了身子，把头送进了帕克的大嘴中。

台下的观众都睁大了双眼看着，可就在这时，意外发生了，帕克又做出了一个微笑般的表情，然后用力合拢了大嘴，可怜的海伦连惨叫声都没来得及发出，就被帕克咬碎了头部，当场死亡。

观众们都惊叫起来，有的由于害怕，甚至从座椅上跌了下来。马戏团经理连忙找驯兽师控制了帕克，并派工作人员组织观众退场，这才没有酿成更大的悲剧。

其间，有观众拨打了报警电话，警方赶来后，马戏团经理带着悲痛的表情说道："我不知道为什么会发生这样的意外，我们每次表演前，都会给帕克吃足够的肉食，不会让它饿着肚子表演；海伦做这个表演也不是头一次了，以前每次都很成功，我真不明白这到底是怎么回事……天哪，我们一周后就要结婚了，婚礼的场地我都订好了……"

这真的是意外事件吗？一位警官并不这么想，他走近海伦的尸体，在她的头发上闻了闻，又联想到有观众提到狮子"微笑"了两次。他马上说道："这是谋杀，请给我今天所有与海伦接触过的人的名单。"

那么，警官为什么会认为这是谋杀事件？凶手又会是谁呢？

推理分析

训练有素的狮子是不会无缘无故地咬碎海伦的头颅的，警官认为它很有可能是受到了什么刺激才会表现失常。所以当他从海伦的头发上闻到一股刺鼻的气味后，又联想到之前狮子不断"微笑"（其实是想打喷嚏），就知道是有人故意在海伦的头发上喷洒了某种带有刺激性气味的药物，让狮子一直想打喷嚏，才会在表演时合拢大嘴，造成悲剧。

根据警官推理出的这个真相，他就可以对凶手的身份进行联言推理：

凶手是马戏团的工作人员；

凶手有条件接近海伦；

凶手熟知狮子的天性；

凶手对海伦怀有强烈仇恨；

所以，凶手是对海伦有强烈仇恨，且熟知狮子天性，并能够接近海伦的工作人员。这样的工作人员很有可能就是帮海伦驯养狮子的助理驯兽员、狮子饲养员等，他／她每天都有与海伦、狮子接触的机会。至于杀人动机，则可能是情杀，因为马戏团老板提到他将与海伦结婚，就在婚前一周海伦却被杀害，可见凶手应当是与海伦或马戏团老板有情感纠葛的人，如此一来，警官要调查的对象就更加明确了，想要破获此案也就很容易了。

第五节　肇事逃逸案件

案件回溯

2016 年 11 月的一天夜晚，某市公安局指挥中心接到了群众报警电话称，省级高速公路 43 公里处发生了一起交通事故，肇事车辆已经逃离了现场。交警大队的几名交警赶到现场后，发现这次事故是小型轿车与电动自行车相撞引起的，轿车司机已逃离现场，电动自行车驾驶员受重伤，交警立刻展开抢救伤者和现场勘查工作。然而，案发次日，电动自行车驾驶员伤势过重，经医院抢救无效死亡。

由于事发当晚天气比较恶劣，雨雪交加，现场痕迹已经被冲刷殆尽，这给交警的工作带来了很多困难。为了尽快找到肇事者，交警们加班加点的工作，试图从监控录像中找出有价值的线索。经过交警们的努力，很快就从监控录像中看到了肇事车辆，交警发现这辆车在与电动车相撞后，几乎没有在现场停留，就立刻开走了，这种行为与正常的交通肇事者有很大的不同。根据这个细节，交警认为肇事者本身可能存在问题，如他可能有酒驾、疲劳驾驶的可能性。

之后，交警又发现这辆车在事故之后，有很明显的躲避警用探头的表现，以至于之后路段的监控中，几乎很少能够再拍到这辆车。据此交警认为肇事者很可能是本地人，对道路情况十分熟悉，所以才能这样自如地躲避探头。

除此以外，交警还分析出了肇事者所开的轿车车型，是大众新款帕萨特。根据这些特征，警方对嫌疑人的调查范围逐步缩小。两个月后，嫌疑人终于落网，他的所有特征也与交警分析的结果完全对应。

请问，警方在分析肇事者的特征时采用了什么推理方法？

推理分析

交警在分析肇事者的特征时采用了联言推理法：

肇事者是酒驾或疲劳驾驶者；

肇事者是本地人，对道路情况非常熟悉；

肇事者开一辆大众新款帕萨特轿车；

所以，肇事者是对道路情况非常熟悉的本地人，他开一辆大众新款帕萨特轿车，在案犯当天可能有酒驾或疲劳驾驶的情况。

借助这个联言推理，警方对于嫌疑人的印象就变得越来越具体了，这可以为调查取证工作提供更加精确的指导，有助于减少破案的难度。

第六节　高中教室失窃案

案件回溯

一位高中生陈刚带着自己新买的高档笔记本电脑走进了教室，几个相熟的同学看到了他的“新装备”后非常羡慕，都围上来问长问短，让陈刚感到非常得意。这时，另一位家境富裕的同学辛晓菲也不甘示弱地拿出了自己的新款手机炫耀起来，这自然也赢得了同学们的阵阵惊叹。

听见了教室里的喧哗声后，班主任老师贾冰生气地走进来，让大家停止吵闹，到操场集合。原来学校最近正在参加一个非常重要的质量评比活动，校长打算对全体学生进行训话。

十分钟后，训话结束了，同学们开始向教室走去。没想到刚进教室，就有人发出了一声惊呼：“天哪，这是谁干的？”大家赶紧挤进去一看，只见前面的六排座位东倒西歪，课桌抽屉里的书本、物品都被人翻了出来，扔得到处都是。

陈刚和辛晓菲一个坐在第二排，一个坐在第七排，他们两个见到这种场面，非常担心，赶紧到自己的座位上去查看。陈刚发现自己的笔记本电脑不见了，而第一排到第六排的其他同学的财物都没有丢失。辛晓菲发现自己的手机还在，她用庆幸的语气说：“幸好，小偷来不及检查我这一排，不然我的手机肯定保不住了。”

由于失窃问题比较严重，贾冰老师只好请来了学校的保安队长老范，请他帮忙确定一下可能的嫌疑人。老范了解了情况后，觉得以下几人有较大嫌疑：

校工老谭，他在案发时间恰好在这层楼修理灯管。不过老谭年纪大了，腿脚有些不便，动作总是慢吞吞的。

转校生小田，他在案发时间没有出现在操场。老范询问他后，小田说自己突然想起有些手续还没办好，就去校务处办转校手续了，不过因为不认识路，他只好又回来了，回来的时候就看到同学们都挤在教室门口讨论这起盗窃案。

班长小庞，他在案犯时间回了一趟教室，据他自己解释是去帮班主任贾冰老师拿东西，而贾冰老师也证实了这一点。

根据这些线索，你能够推理出谁是教室失窃案中嫌疑最大的人吗？

推理分析

在本案中，老范在界定嫌疑人时，先采用了选言推理法，其选言判断如下：

教室失窃案的嫌疑人，可能是校工老谭，可能是转校生小田，还可能是班长小庞。

为了推出选言判断的正确结论，我们可以采用联言推理法对本案中的线索进行“合成”：

嫌疑人是知道教室有贵重财物的人（他的目标明确，直奔笔记本电脑，却没有偷走第一排到第六排座位其他同学的财物）；

嫌疑人是不知道同学具体座位安排的人（他不知道陈刚和辛晓菲坐在什么地方，所以才会采用笨办法，从第一排到第六排逐个翻找）；

嫌疑人是知道自己作案时间有限的人（如果时间充足，他就可以翻到第七排，偷走辛晓菲的手机，但是他没有这么做，而是赶在同学回来之前离开了现场）；

嫌疑人是手脚灵活、动作迅速的人（能够在短短十分钟时间内翻找完这么多课桌，并且还能迅速撤离现场，说明嫌疑人行动非常灵活、迅速），

所以，嫌疑人是知道教室有贵重财物，却不知道具体在哪个座位的人，而且他手脚灵活、行动迅速，知道自己作案时间有限，就快速撤离了现场。

根据这个联言推理的结论，我们可以回头判断选言推理中各个选言支的正确性，如我们可以立刻排除校工老谭的嫌疑，因为他腿脚不便，动作缓慢，而且他也不太可能知道教室里有贵重财物；我们还可以排除班长小庞的嫌疑，因为小庞作为班长，肯定熟知每个同学的座位，没有必要采用

这么笨的方法作案。由此可见，嫌疑最大的就是转校生小田，而他提出的不在场证据也没有什么说服力，所以基本可以确定小田就是偷走笔记本电脑的人。

第七节　停电中毒事件

案件回溯

钱先生是一位富裕的商人，他拥有成功的事业、美丽的太太和听话的孩子，生活十分幸福。这一天，正是钱先生与太太结婚十周年的纪念日，他邀请了很多好友到某饭店举办庆祝活动。

这天到场的人士众多，宴会氛围非常热烈。不过当一个人走进会场的时候，一些知情人士开始窃窃私语起来，因为他们知道这位刚刚到场的齐先生与钱先生的太太丽雯有一些暧昧关系。对于此事钱先生并非一无所知，可是他却出人意料地给齐先生发了请帖，这一点让大家感到有些难以理解。

钱先生似乎没有意识到大家的态度变化，他落落大方地迎向齐先生，和他握了握手，还拉着他坐到了自己旁边。为了打破尴尬，钱先生又对所有的宾客说："感谢大家的捧场，让我们共同举杯，记住这个美好的时刻吧。"说完这句话后，钱先生指着一瓶红酒对齐先生说："你为我们倒酒吧，过去的事不值一提，以后我们都是好朋友。"

齐先生真没想到钱先生会表现得如此大度，他连连称是，立刻拿起了红酒给这一桌的每个人斟满，还挨个向大家敬酒。就在这个时候，突然停电了，大家都觉得很意外，有人还叫了起来，黑暗中只听见钱先生用镇定的语气说："大家不要慌，这肯定是电路故障，马上就会来电的。"

果然，一分钟后，灯就亮了起来，宴会也继续进行。齐先生端起了手中的酒杯走回自己的座位，他一边和钱先生高谈阔论，一边吃菜、喝酒，没想到他突然间发出一声惨叫，就倒在地上全身痉挛起来，几秒后他的呼吸就停止了。

这个意外事件让在场所有人都惊呆了，还是钱先生先反应过来，他略懂一些医学知识，便检查了一下酒杯，发现里面有氰化物。看来是有人对齐先生下毒，钱先生赶紧打电话报了警。警察到来后，先了解了一番情况，知道齐先生坐在钱先生旁边，又知道他们之间存在矛盾，就对钱先生表示了怀疑。钱先生用委屈的语气说："你们不能随便冤枉好人啊，大家都看到了，酒是他自己倒的，杯子一直端在他手里，我哪有机会给他下毒呢？"

然而，警方通过推理，还是认为钱先生就是本案的凶手。你知道这是为什么吗？

推理分析

根据本案中的线索，警方可以进行这样的联言推理：

凶手是有动机给齐先生下毒的人（比如，与齐先生有个人恩怨）；

凶手是有条件给齐先生下毒的人（坐在齐先生身旁，方便作案）；

凶手是有条件制造停电意外的人（比如，宴会举办者就可以对此进行安排，并可利用此机会下毒）；

凶手是懂一些医学常识的人（凶手能够识别毒物，知道如何下毒可以不留痕迹）；

所以，凶手是有动机、有条件给齐先生下毒的人，而且他是能够制造停电意外，还懂一些医学常识的人。

在在场的所有人中，只有钱先生符合这个结论中全部的特征，所以警方怀疑他是有道理的。而钱先生下毒的方法也是非常巧妙的，他确实没有在一开始把毒物放进红酒或酒杯中，否则在场诸人都会中毒。所以他是把毒物事先涂抹在筷子之类的餐具上，然后记住齐先生的座位，再借着停电的机会将有毒的筷子与齐先生的筷子调换，使齐先生用毒筷子吃菜后死亡。至于杯中的氰化物，则是钱先生在检查酒杯的时候偷偷放入的，希望借此迷惑警方，不过还是被警方识破了。

第八节　无名尸体的身份

案件回溯

英国伦敦市发生了一起残忍的凶杀案，凶手将死者肢解后，把身体部位装入皮箱，然后扔到各个地区。最先发现碎尸皮箱的是一个环卫工人，他从垃圾堆里翻出了带血的皮箱后不敢打开，直接送到了警察局。

值班警察打开了皮箱后，发现里面是一个人的头颅，面部已经被完全毁坏，根本无法辨认相貌，甚至连死者性别都不能判断。经过法医的检验，可以确定死者死于48小时内，警方立刻搜集了48小时内的失踪人口报告，统计出了以下的可疑人员名单：

男性拳击手雅各布；

牙膏广告演员艾丽莎；

女作家珍妮；

未满6周岁的男孩艾伦。

不过，死者到底是谁还需要警方进一步确认。由于死者面部特征已经被毁灭殆尽，法医只能从牙齿着手进行检验。法医发现死者的牙齿比较细密整齐，但保养得不太好，后槽牙有两个龋齿，门牙上还有一些比较明显的凹痕。根据这些信息，警方最终确认了死者的身份。

你知道死者到底是名单中的哪一人吗？

推理分析

本案包含了一个选言推理和一个联言推理。选言推理的选言判断如下：

死者要么是男性拳击手，要么是牙膏广告演员，要么是女作家，要么是小男孩。

因为警方获得的线索非常有限，所以还没有办法对此判断进行推理。需要进一步地搜集线索以排除不合要求的选言支。

为此，警方从牙齿的特点入手，进行了联言推理：

死者是牙齿比较细密整齐的人；

死者是牙齿保养得不太好的人；

死者是门牙上有凹痕的人；

所以，死者是牙齿细小，保养得不太好且门牙上有凹痕的人。

根据这个联言推理的结论再回头去对选言推理的选言支进行判断，我们就会发现死者不会是男性拳击手，拳击手的面部特别是下颌部位经常遭到击打，牙床很难保持整齐，甚至还会出现牙齿被打掉的情况。

死者也不会是小男孩，因为男孩正处于换牙阶段，牙齿也很难保持整齐；更不会是牙膏广告演员（牙膏广告演员需要有一口保养良好的牙齿，才有拍广告的资格），所以选言推理的结论就是“死者是女作家”。由于女作家平时可能有叼着笔杆思索的习惯，所以她的门牙上有凹痕，这个线索也可以用来验证结论的正确性。

第六章

归纳推理法

第一节　发现现象共性，找出普遍规律

从零散信息出发，推出一般结论

所谓归纳推理，指的是从零散的信息、个别性的知识出发，推出一般性的结论。比如：

盗窃犯有作案动机；

抢劫犯有作案动机；

杀人犯有作案动机；

……

盗窃犯、抢劫犯、杀人犯等都是作案者；

所以，凡是作案者都有作案动机。

在这个认识过程中，就运用了归纳推理的推理形式。前提都是一些个别性的信息、现象，而结论所反映的则是关于该类信息或现象的具有一般性的判断。

在刑事侦查的不同阶段，归纳推理可以为破案专家了解案情提供更加直观的依据，有助于尽早确定侦破方向，缩小侦查范围，从而可以大大提升案件侦办的效率。

在下面这个案例中，办案人员就采用了归纳推理法总结出了嫌疑人作

案的一个突出特点，并由此出发制定了“引蛇出洞”的策略，将嫌疑人成功抓获：

2017年，在江西省某市连续发生了4起飞车抢夺案件。受害人正在路边行走，嫌疑人骑着摩托车从受害人身后驶过，然后趁受害人不备，将受害人拿在手上或背在身上的财物一把抢过，并快速驶离现场。

警方对这4起案件进行了分析，发现嫌疑人所穿的服装每次都不一样，比如一位受害人说嫌疑人穿的是黑色短袖T恤衫，另一位受害人说嫌疑人穿的是白色衬衫……而且嫌疑人每次戴的头盔颜色不同，劫走的财物也各不相同，有受害人拿在手中的手机，脖子上戴的金项链、肩上挎的挎包等。这让办案人员一时无法确定这几宗案件是否具有关联性，假如这些案件是多人所为，那么侦办的难度就会加大不少。

在这个时候，一位民警刘辉提出了自己的想法，他认为这4起案件还是可以归纳出共同的特点的：“在第一起案件中，受害人是20岁的年轻女性，案发时一边走一边与朋友发微信；在第二起案件中，受害人是72岁的老年男性，案发时一边走一边打电话；在第三起案件中，受害人是34岁的中年女性，案发时将一条名贵白金项链戴在脖子上；在第四起案件中，受害人是50岁的中年女性，案发时刚刚从银行出来，挎包里装有刚取出的存款。也就是说，嫌疑人并不是随机挑选作案对象的，他选择的都是徒步在街边行走的，身体力量较弱，财物外露的对象。”

不仅如此，刘辉又归纳出了其他的一些特点，如嫌疑人的作案时间比较有规律等，根据这些特点，警方推断这些抢夺案件并不是多人作案，而是同一人所为。于是警方为了诱捕嫌疑人，安排了几名女警打扮成市民的样子，再带上一些明显的财物，在一些嫌疑人可能出现的区域和时间段不断“展示”。结果没几天，嫌疑人就上钩了。他在试图抢夺一名女警耳朵上的金耳环的时候，被早有防备的女警当场制伏……

警方侦破此案的关键之处就是通过归纳推理法从零散的信息中理出了一个重要的特点——嫌疑人只对具备某类特征的对象实行抢夺。具体来看，警方的推理过程如下：

在第一起案件中，嫌疑人选择了身体力量较弱、财物外露的对象（个别现象）；

在第二起案件中，嫌疑人选择了身体力量较弱、财物外露的对象（个别现象）；

在第三起案件中，嫌疑人选择了身体力量较弱、财物外露的对象（个别现象）；

在第四起案件中，嫌疑人选择了身体力量较弱、财物外露的对象（个别现象）；

这几起案件已经是嫌疑人当前犯下的全部案件，所以，嫌疑人作案都有选择身体力量较弱、财物外露的对象的特点。

从这个案例中，我们也可以看出，归纳推理法能够帮助我们找出一系列事物或现象服从的基本规律或共同规律，而这些规律就可以成为我们预测或解决其他问题的重要线索。

多种方法结合，寻找共同特点

归纳推理法的关键处是寻找共同特点，但这些特点不是随随便便就能总结出来的，而是要通过科学的观察、实验，获得了充分的经验、材料之后，再经过加工整理，形成科学的结论，才有可能抓住纷繁复杂的事实中的共同特点。

对于破案专家们来说，他们在采用归纳推理法时就会从各种痕迹、物证、口供起步，然后对分散的材料进行分析、概括，另外他们还要反复研究案件发生的全过程，力求掌握更多事实，并通过多种方法结合，这样才能实现从个别到一般的归纳的目标。

在下面这个案件中，破案专家就通过归纳推理法找到了犯罪事实中的共同特点，并借此破获了一个贩毒大案：

2011年，福建省某市公安局的禁毒部门抓获了多名吸毒人员。在审讯中，这些人员供认称自己从来没有见过毒贩本人，每次购买毒品都是事先将一定数额的金钱转到毒贩的一个账户，待毒贩收款后再通过网络发消息通知吸毒人员到某个地点去取货。

办案人员将吸毒人员交代的线索进行了记录和汇总，发现毒贩非常狡猾，且具备较强的反侦察能力。毒贩每次与吸毒人员联系时使用的QQ号都不一样，接受汇款的账户也有十几个，在安排吸毒人能取货时，每次地点都有变化，这就给办案人员埋伏抓捕带来了一定的困难。

为了尽快找到案件突破口，禁毒部门的办案人员加班加点，反反复复地研究手头能够搜集到的全部线索。一位张警官将已知的所有取货地点标注在了市区的地图上，并且按照时间先后写上了序号。结果他从这些看似散乱的地点中发现了一个共同特点：经常出现的几个取货地点在一条路线上，而且在这条路线上有一个××小区，每天最早和最晚取货的地点都离××小区不远。

根据这个共同特点，张警官推测毒贩的落脚点可能就在××小区。于是办案人员迅速行动，在××小区设点监控。经过一个星期的艰苦工作，办案人员终于确定了毒贩的身份和人数，并将几名毒贩全部抓获归案。

在这个案例中，办案人员就是通过比较、归类、分析、综合、抽象概括的办法，从看似没有规律的线索中找到了共同特点，而这些办法也是我们在进行归纳推理法时必不可少的：

1. 比较

在采用归纳推理法之前，我们首先要对需要认识的多个对象进行比较，这样可以掌握它们的相同点和不同点，也就能够为我们实施归纳推理指明方向。当然，能够进行比较的对象必须是有一定的相同点的，我们不能把截然不同的事物勉强进行比较，否则只会白白浪费时间和精力，所以我们必须确定对象之间是可比的。

2. 归类

通过对对象进行比较后，我们了解了它们的相同和不同的地方，就可以将它们按照类别区分开来。如此一来，我们要认识的复杂的对象就会变得有条有理。比如，我们在比较几个案件时发现它们在作案时间上具有相同之处，那我们就可以用时间图表，将案件进行归类。我们可以把复杂的案件信息有序、有效地在图表中进行排列，这样在归纳共同特点时就会感觉容易得多了。

3. 分析综合

在归纳推理的过程中，少不了分析与综合的过程。分析就是把对象进行分解，从侧面、部分、属性去加以研究；而综合则正好相反，是对对象的各个侧面、部分、属性按照内在联系进行统一，以掌握其本质和规律。对于归纳推理来说，这两个过程都是必不可少的，而且可以互相渗透和转化，这样更能够加深我们对对象的认识。

4. 抽象概括

抽象概括是进行归纳推理的十分重要的步骤，我们可以从具体的对象抽出、概括出它们共同的方面、属性、关系，等等，而对于那些个别的、非本质的方面、属性、关系则可以暂时舍弃。这样我们就能够获得一些有价值的共同特点，并可以用来帮助我们认识同类的其他对象，解决同类的其他问题。

发挥能动性，考察尽可能多的对象

归纳推理离不开对对象的广泛考察，如果我们能够考察一类事物中的全部对象，发现每一个对象就具有或不具有某种属性，那么就可以得出相应的结论——这一类对象都具有或不具有某种属性。

在这样的归纳推理中，前提的范围是有限的，所得到的结论断定的范围也没有超出前提的范围。这样如果前提是真的，结论显然也是真实有效的。像这样的归纳推理就是完全归纳推理，它也是一种必然性的推理，所得到的结论是毋庸置疑的。

比如，有一家珠宝店发生了钻石失窃案件，警方首先对珠宝店内有可能接触钻石的5名工作人员进行了详细的调查，发现工作人员A没有作案条件，工作人员B没有作案条件，工作人员C没有作案条件……也就是说，5名工作人员都没有作案条件。因此，可以得出结论，此案非店内工作人员所为，而是外部人员所为。后来通过警方的一番努力，此案被成功侦破，也证实了盗走钻石的嫌疑人确实是外部人员——一个经验丰富的惯偷。

在这个案件中，警方采用的推理手法就是完全归纳法，由于店内工作人员数量有限，警方观察、取证的工作难度不大，很容易就能够掌握所有个别化的信息，因而能够轻易地得到一般性的结论——案件非内部人员所为。

不过，我们在进行归纳推理时，有的时候是无法使用完全归纳法的，这是因为需要我们研究的对象常常是范围很大、数量很多的，我们在观察和取证时的工作量非常巨大，想要将所有的对象进行仔细考察是不现实的。为此，我们只能用不完全归纳法来获得相对准确的结论，即考察一类事物中的部分对象，由这些对象具有或不具有某种属性，推出这一类事物的全部对象都具有或都不具有这种属性。

不完全归纳法在侦破工作中的使用频率是较高的，如破案专家在侦查某一案件的初期，显然是不可能掌握到案件的全部材料的，这时只能根据所掌握的部分材料、线索来进行归纳，得出案件在某一方面的共同特点，这时破案专家采用的就是不完全归纳法。

当然，不完全归纳法的前提只考察了部分对象，而结论却要对全部对象进行断定，结论的范围显然超出了前提的范围，所以结论不一定总是真实有效的，这是我们必须注意的一点。关于这一点，在历史上还发生过这样一个真实的案例：

在19世纪，巴黎警察厅里有位名叫贝蒂荣的书记员利用自己的业余时间开始对犯罪分子的资料进行研究。他将登记在案的囚犯的身体部位记录下来，然后进行了归类、分析、总结，并提出了一种用来识别罪犯身份的人体测定法。利用他归纳出的这种方法，巴黎警察厅成功鉴别出了几百名有前科的罪犯，而且没有出现哪两个罪犯的测量资料完全相同的情况。

于是很多警务界的同人都把“贝蒂荣法则”奉为真理，还说它的诞生会让全世界的侦破工作获得极大进展。然而没过多久，贝蒂荣自己就在一次鉴定工作中发现两个囚犯的人体测量数据完全一样，这让他十分失望，不得不亲自宣告“贝蒂荣法则”没有想象中的那么有效。

在这里，贝蒂荣利用人体测量数据来识别犯人身份的方法就是不完全归纳法，由于犯人数量众多，所以他只观察了非常有限的样本，并没有对所有的犯人进行逐一的考察（当然这也是不可能做到的），也正是因为这样，他根据不完全归纳法进行的推理并不是必然性推理。这样得到的结论也许对于有限的对象是有效的，可随着对象的增多、时间的延长、条件的改变，就难免会出现结论对于某些对象无效的情况。

当然，这并不能说明不完全归纳法就毫无价值，事实上，不完全归纳法也是在观察和分析的基础上产生结论的，并不是毫无根据地胡乱猜测。而且这种推理方法非常简单易行，也不需要遵循严格的逻辑规则，所以比较灵活易用，很适合解决实际问题。所以我们不能完全否定这种方法，但是在使用时一定要注意观察尽可能多的对象，也就是说要扩大样本的范围，而且我们要注意观察“反例”（与推理出的结论相反的情况）出现的频率，反例出现的次数越多，就说明我们归纳出的结论出现的偏差越大，需要重新进行修订。

此外，我们在考察众多的对象时还要注意深入分析，避免根据片面、表面的现象就仓促地做判断、下结论。只有这样，归纳推理得到的结论才能更加可靠。

第二节　疯狂的盗窃犯

案件回溯

2017 年，宁夏某市平罗县发生了一系列跨区域盗窃案件。在短短几天里，疯狂的窃贼一连犯下二十余桩罪行，受害人家中的财物、停在居民楼门口的摩托车、电动车等均成了窃贼的猎物。

面对如此猖狂的窃贼，当地刑侦大队立刻展开了行动，派遣侦查人员、技术人员到现场进行仔细勘查和调查走访。在掌握了大量线索之后，侦查人员归纳出了这样几个特点：犯罪嫌疑人一般是在凌晨 1 点到 4 点之间作案，作案时携带专业开锁工具，每次作案后都会骑着盗窃来的摩托车、电动车快速逃窜。

就在侦查人员搜集线索的过程中，在平罗县城又发生了数起盗窃案，这更是给侦查人员提供了不少参考依据，侦查人员在地图上标注了案发地点，发现这些地点是以县医院为中心向周边辐射的，这个特点为侦破工作带来了突破性的进展。

之后的几天里，侦查人员选择在凌晨时分，到县医院和周边居民区进行蹲守，终于在 5 月 28 日凌晨，抓获了正在用开锁工具试图撬开一辆电动三轮车的窃贼。

请问，警方在侦破这一系列盗窃案时采用了什么推理方法呢？

推理分析

本案中侦查人员对一系列盗窃案件进行了归纳推理，找到了几个共同的特点：作案时间都在凌晨 1 点到 4 点；嫌疑人在作案时持有专业工具；嫌疑人每次都会盗窃一辆交通工具用来逃跑；嫌疑人作案的地点在空间上具有一定规律。

根据这些共同的特点，侦查人员就可以制订这样的抓捕方案：在特定时间、特定地点蹲守具有可疑之处的人员，以“守株待兔”的办法等待嫌疑人落网。由于侦查人员在推理过程中考察了足够多的对象，总结出的结论非常可靠，所以最终成功抓获了嫌疑人。

第三节　离奇的村民中毒事件

案件回溯

2012年，广东省某县的一个村庄里发生了几起离奇的中毒事件。最初，一位80多岁的老人突然口鼻出血、脸色发黑、呕吐不止，他的家人立即将他送往县医院进行抢救，但抢救无效，老人于第二天去世了。由于老人年事已高，家人一开始以为他是正常死亡。谁知几天以后，老人的儿子、儿媳也先后出现了头晕、呕吐、呕血的症状，到医院诊断后才知道是中了毒。

由于这家人平时喜欢从山上挖野菜食用，所以村民们都认为这是野菜引起的中毒。可是几天后，与这家人邻近的几家人也出现了中毒症状，有一家的一个年仅4岁的孩子更是由于中毒引起器官衰竭，不幸死亡。这下中毒事件才引起了村民的重视，他们立刻报了警。

县公安局长亲自带队到现场调查取证，他们发现这些住户的居住条件并不相同，饮食情况也不一样，中毒者的年龄大小、健康情况都各有差异，可是有一个情况却是一样的，那就是他们都喝一口井中的水，而这口井就在第一户人家的屋后，为几户人家所共用。

据此，公安局长高度怀疑是井水被人投毒，于是派技术人员检测了井水，果然发现其中含有一定浓度的毒素。之后刑警封锁了该水井，将其打开后，从里面捞出了一个黑色的布袋。经过化验，布袋中竟然含有1斤以上的慢性毒药。

公安局长又从这些毒药出发进行调查，得到了一个非常重要的线索：

村民张某曾经购买过大量的同类毒药，并且张某与最初去世的老人有过长达数年的宅基地纠纷。张某被警方传唤后，没多久就承认了自己的投毒作案事实，正是由于他对老人怀恨在心，才产生了恶念，购买了毒药投入那口水井中，才导致了惨案的发生。

那么，警方是如何推理出受害人中毒的原因的呢?

推理分析

在这个案件中，警方要进行的归纳推理法主要是对中毒原因的归纳，受害人中毒可能有多种原因，但是在本案中众多的受害人拥有的共同特点却很少，只有一个唯一的共同特点是都饮用了同一口井中的水，而这个共同点就是警方归纳推理的结论。当然，为了证明这个结论是有效的，警方还对井水进行了化验，并打捞出了嫌疑人用来下毒的布袋，这就更加证实了警方的结论，并且也为下一步的侦查工作指明了方向。

第四节　高层住宅失窃案

案件回溯

2015 年夏季，浙江省杭州市的一个高档小区频繁发生失窃案件，这个小区中的建筑物多为高层住宅，其中最高的两栋为 22 层，可也就是这两栋住宅失窃的频率最高，在 2 个月内共有 12 户人家被盗，仅现金就被盗走了近 5 万元。

窃贼频繁光顾，让居民们担惊受怕，寝食难安。一位住在 18 楼的住户方先生因为工作关系每天凌晨才能回家，结果夜里家中就被窃贼光顾了 3 次之多，丢失了 8000 元现金、一部高档手机、一块名牌手表和其他一些财物。方先生气愤地对民警说："我把房子买在 18 楼，以为住得高一点，安全系数会高一些，哪想到这些窃贼神通广大，这么高的楼也爬得上来。"

方先生的这句话倒是启发了民警，之前民警就发现了窃贼不是从电梯进入大楼，而是从外部攀爬而来。再结合方先生和另外几名受害人的信息来看，窃贼似乎对 10 楼以上的住户更感兴趣，10 楼以下的住户只有 1 家被盗。根据这个特点，民警猜测窃贼一定拥有熟练的攀爬技术和相应的工具，那么窃贼很可能平时就从事高空作业，而且对这个小区的住户情况摸得一清二楚。

随后，民警将调查的目标集中于在小区工作的外墙清洁工、空调安装人员等对象，最后成功地抓获了嫌疑人——一名外墙清洁工。

请问，本案中警方采用了什么样的推理方法呢？

推理分析

本案之所以能够被成功破获，就是因为警方通过归纳推理发现了一系列失窃案的一个共同特点——窃贼以 10 楼以上的住户家为作案对象。根据这个特点，警方又可以进行相应的联言推理：

窃贼有较好的攀爬技术；

窃贼有充分的攀爬工具；

窃贼对小区住户情况十分了解。

所以，窃贼是有攀爬技术和攀爬工具，并且对小区住户情况十分了解的人。而符合这些条件的就是在小区工作的高空作业人员，这就是民警将调查的重点转向这类人员的原因。

第五节 假冒“富二代”的诈骗犯

案件回溯

2016年5月，浙江省某市的一个派出所接到了一名女性受害人高小姐的报警，她称自己在网络交友时遇到了诈骗犯，被骗走了高达16万元人民币的现金。

民警与高女士联系后，得知她是通过一款社交工具的“附近的人”功能结识犯罪嫌疑人郑某的。郑某平时经常在朋友圈里发布别墅、豪华轿车的照片，还对高小姐说自己是某著名企业家的小儿子。高小姐见郑某形象英俊不凡，谈吐高雅大方，又拥有显赫的家世，不禁对郑某产生了不少好感。郑某也说自己对高小姐一见钟情，希望能够和她建立恋爱关系。

双方一拍即合，马上陷入了热恋之中。最初高小姐与郑某外出约会时，无论就餐、游玩都是郑某付费，那种一掷千金的派头让高小姐对郑某更加信服和崇拜。没想到某天两人约好在某地见面，郑某却迟迟未到，等高小姐打电话询问的时候，郑某才说自己撞了别人的车，手头又没有现金赔偿，无法脱身。高小姐不疑有他，马上给郑某的银行账户转去了1万元。

此后郑某一直没有提出过还款，反而隔三岔五地向高小姐借款，一连借走了十几万元。高小姐有些不放心，便追问郑某何时能够还款。结果第二天郑某就从高小姐的生活中消失了，还把她的微信号、手机号都拉黑了。

民警听完高小姐的讲述后，马上想到了最近发生的另外几起案件和本案有很多相似的地方：受害人都是在网上认识了假冒“富二代”的嫌疑人，并与其确立了恋爱关系，随后嫌疑人就以各种各样的名目从她们手中骗走大量财物，等到她们感觉不对的时候，嫌疑人就会立刻拉黑联系方式，让她们求告无门。

民警们对这些受害人的资料进行了比较和分析，归纳出了这样的共同特点：受害人是年龄在28岁到40岁的单身女性，有一定的经济实力，都是通过某款社交工具认识嫌疑人的。另外，民警们研究了嫌疑人约见受害人时最常出现的几个地点，发现它们集中分布在温州市北部的一个片区。

于是民警据此制订了行动方案：先安排几名女警在社交软件上注册账号，包装成年轻、事业有成的都市女性形象，以“诱敌上钩”。果然，没几天那名嫌疑人就出现了，虽然他更改了网名和资料，但是他聊天的方式并没有改变，而且他还邀请其中一名女警到该片区的一个酒吧见面，这个酒吧也是他和几名受害人约会过的地方，这就更加证实了他的身份。之后，民警快速反应，提前埋伏，当天晚上8点在该酒吧将嫌疑人成功抓获。

那么，你认为警方的行动方案为什么能够产生如此理想的效果呢？

推理分析

在这一系列诈骗案件中，嫌疑人很显然并不是随机挑选对象作案的，他有自己特定的选择作案目标的规律。而民警采用了归纳推理法，从几名受害人的共同特点出发，找到了这些规律，了解到了嫌疑人会对什么年龄、什么性别、什么特征的受害人最感兴趣，然后“投其所好”，果然吸引了嫌疑人的注意，也为本案的侦破创造了条件。

第六节　商业机密泄露事件

案件回溯

2014年，某市的一家大型企业发生了多起商业机密泄露事件，由此造成了巨大的经济损失。该企业负责人在内查失败后，只得向公安机关求助，希望能够尽快找出埋藏在企业中的“内鬼”。

该市公安局经侦大队成立了专案组，入驻了该企业。在审查了大量资料后，专案组认为，该公司商业机密泄露的源头是高层会议：上半年该公司召开了7次重要的高层会议，其中有4次会议的内容都发生了泄露，给企业造成重大损失的恰恰也是在这些会议上泄露的信息。其中有次会议的主要议题是一次重要的谈判的底线价格，结果会议结束后不久，竞争对手就掌握了这些价格数据，致使企业在谈判中遭到严重失败，损失超过2000万元。

专案组将这7次会议作为侦破的重点，他们详细分析前4次会议内容泄露的原因和后3次会议内容未泄露的原因。结果发现这7次会议的参会名单并不完全相同：前4次会议均有高管郑某参与；后3次会议郑某因在外地出差，未能参与。专案组据此推测，郑某与企业机密泄露问题有很大的关系。后来经过对郑某的审问，也证实了这一点，郑某确实是竞争对手安插在本企业的“棋子”……

请问，侦破人员是如何通过推理找到嫌疑人的呢？

推理分析

本案中专案组的侦破人员就采用了归纳推理法，他们的研究对象是该企业上半年召开的 7 次工作会议，这 7 次工作会议又分为两类样本：泄密样本 4 次，未泄密样本 3 次。之后侦破人员对这两类样本分别进行了分析，并总结出了共同的特点：泄密样本都有郑某参与，未泄密样本郑某都没有参与。由此可见，“郑某是否参与”和“会议是否发生泄密”有直接联系，那么显而易见，郑某就是本案的最大嫌疑人。

第七节　露出马脚的扒手

案件回溯

2017 年 2 月，湖北某市城区的天桥附近发生了多起扒窃事件。据几位受害人反映，他们都是从这里经过或短暂停留，结果身上的手机、钱包在毫不知情的情况下就被人偷走了。民警分析，扒手应该是同一个人，他经验非常丰富，动作敏捷，且具有较强的反侦查意识，显然是职业惯犯。

为了找到这名扒手，民警调取了天桥附近的摄像头拍下的监控视频，发现了一名十分可疑的男子，不过他作案十分迅速，一旦得手，立刻从天桥北侧的一条小巷逃窜。小巷通往一家菜市场，过往人员密集，扒手又很善于对外表进行伪装，以致民警几次进行现场跟踪，都没能将其抓获。

民警没有气馁，他们继续收集与此案有关的线索，进行分析和归纳，试图从中找到有价值的规律。一天，一位民警在反复研究监控视频后，注意到了这样一个细节：扒手每次作案的时候，在天桥上都有同一个中年男子在摆摊出售一些小玩具。虽然天桥上还有几个经常出摊的摊贩，但这个男子出现的规律和扒手基本同步。最可疑的是，男子每天摆摊时间只有一两个小时，有的时候扒手刚刚得手，过 10 分钟至 20 分钟，这名男子也急急忙忙地撤了摊离开，这和正常商贩的摆摊习惯大相径庭。

民警发现的这个特点立刻引起了上级的重视，案件的焦点也从那名扒手转移到了摆摊的男子。通过核对照片，警方发现这名男子以前也有扒窃记录，只不过因为金额较小，只被处以拘留 15 天的处罚。现在看来，这名男子很有可能就是扒手的同伙。于是，警方改变了抓捕战术，在天桥附近多处埋伏人员，集中精力紧盯摆摊男子。

这天，扒手在作案之后，像往常一样快速走过摆摊男子身边，好像很不经意地将一个钱包扔在了男子的摊位上。就在这时，民警从四面八方包抄过来，将二人一举抓获。

本案中民警推理分析的关键点是什么？

推理分析

在这个案件中，两名扒手的作案方式可以说是非常巧妙的，他们一个负责扒窃并吸引警方的注意力，另一个从从容容地处理赃物，这样的话即使扒手被抓，警方也没有物证证明他的罪行。而警方最初也确实被他们误导，浪费了不少时间和精力。幸好一位民警通过归纳推理，发现了一个关键点：有一个摊贩出现的规律和扒手同步，这才让狡猾的扒手露出了马脚。而警方也从这一点出发，改变了侦破思路和侦查方向，才能成功破获此案。

第七章

类比推理法

第一节　寻找相似之处，找出案件突破口

运用类比推理，不断拓宽思路

类比推理法，也叫类比法、类推法，就是把未知的对象和属性相同或相似的已知对象进行比较和推断，从而可以启发灵感、拓宽思路，找到解决问题或突破案情的线索的一种方法。比如，已知的对象或案件 M 具有 a、b、c、d 几种属性，而与它属性相同的对象或案件 N 具有 a、b、c 这几种属性，那么通过类比推理，就可以得到 N 也具有 d 属性的结论。

在下面这个案例中，警方就采用了类比推理的方法，对三起案件进行了并案侦查：

2016 年 4 月，湖南省某县发生了系列抢劫、抢夺案件。第一起案件的受害人向警方报案，称自己被两名骑摩托车的男子抢走了一只手提包，里面有一些现金和贵重物品，总价值超过 6000 元。

警方正在对此案进行调查，没想到当天下午再次接到报警，地点与第一起案件接近，受害人也是被骑摩托的男子抢走了背包，内有价值合计 5000 元的现金、手机和重要票据。警方对两个案件进行了比较，发现了很多相似之处，并且这两起案件与 3 月的一起抢劫案件非常相似，只不过 3

月的案发地较远。

警方通过类比同理，怀疑这三起案件是同人所为，并且将嫌疑人的居住地范围缩小到以案发地为圆心、五公里范围内。经过紧急盘查，不到半天时间，警方就锁定了两名有重大作案嫌疑的社会青年。第二天上午，警方将准备去外地藏匿的两名嫌疑人一举抓获。

警方在破获这起系列抢劫案件时，就采用了类比推理的办法，将具有相同作案手段、作案过程、侵害目标的三起案件结合起来分析调查，找出了犯罪分子的一些特点，然后全面、统一组织实施侦查，并取得了非常理想的效果。

在研究这个案例时，我们会注意到一点：类比推理也要从观察个别对象开始，所以它似乎与归纳推理有一定的相似之处。不过归纳推理是由个别对象推理一般对象（比如，从几个案件推导出这些案件的共同特点），而类比推理则是从个别对象推理另外一种个别对象（比如，从一个案件推出同一类的另一个案件的特点），因此它与归纳推理在本质上是不同的。

无论是在侦查工作中，还是我们平时的工作和生活中，类比推理都有非常广泛的应用范围，它可以包括以下几类：

1. 对两个不同类的对象或两类对象进行类比

这种类比也叫横向类比，如之前说过的根据已知对象 M 的属性，推理未知对象 N 的属性，就是对于两个不同类的对象进行类比。

2. 对同类的两个或多个不同个体进行类比

这种类比也叫纵向类比，它的一般形式是：如果 S_1 是 P，S_2 是 P……直到 S_n 都是 P，所以 S_{n+1} 也是 P。

比如，在一个系列投毒案件中，被害人A出现了中毒症状，服用了某种解毒剂后症状逐渐好转；而被害人B也出现了同样的中毒症状，服用了某种解毒剂后症状逐渐好转……由于这些受害人都是同类型的被害人，属性完全相同，所以可以推出，有新的被害人M出现了同样的中毒症状后，服用了该种解毒剂后症状也会好转。

3. 对不同场合下的同一个体进行类比

类比推理还可以用于同一事物不同场合的对比，一般形式是：如果S在第一种场合具有属性a、b、c、d，S在第二种场合具有属性a、b、c、d……那么S在第n种场合也具有属性a、b、c、d。比如，陈某在第一次面对有血迹的环境时出现了晕血症状；第二次面对有血迹的环境时出现了晕血症状……因为做类比的是同一个个体陈某，只是场合发生了改变，所以可以推出陈某下一次面对有血迹的环境时还是会出现晕血症状。

类比推理能够让我们对事物、现象的认识，从一个已知领域自然地过渡到另一个未知的领域，因而能够起到举一反三、触类旁通的作用。所以我们应当正确地认识类比推理，并要学会运用类比推理，这可以提高我们的思维能力和办事能力，还能够让很多看似困难的问题迎刃而解。

适时尝试反类比，获得思维新突破

类比推理从种类上看，有正类比、反类比、合类比这三种。正类比就是类比推理的一般形式——如果两个或两类对象都具有某些属性，那么未知对象也应当具有已知对象所具有的某一属性。

反类比则与正类比恰好相反，指的是如果两个或两类对象都不具有某些属性，那么未知对象也不具有已知对象所具有的某一属性。比如，对象

M不具有属性a、b、c、d，而对象N不具有属性a、b、c，所以对象N也不具有属性d。

至于合类比则相当于正、反类比的集合，我们在推理时要同时考察两个或两类对象共同具有和共同不具有的属性。比如，对象M具有属性a、b、c、d，不具有属性e、f、g、h，而对象N具有属性a、b、c，不具有属性e、f、g，所以，对象N具有属性d，不具有属性h。

无论是在侦查工作中，还是在日常生活、工作中，我们都要学会合理地运用这几种类比推理的方法。比如，我们对类比推理的结论不确定的时候，就可以通过反类比来验证结论的合理性，更有可能通过反类比获得思维的新突破。

在下面这个案例中，一位法医就通过反类比推翻了死者表面的死因：

2013年，浙江某市位于郊外的一幢豪华别墅突发大火，火灾被扑灭后，有消防员在火场中发现了一具尸体。这具尸体表现出了烧死的一般状态：尸体收缩、呈拳斗姿势、软组织和骨骼干燥变脆、胸腹壁破裂……负责检验尸体的法医正想做出“火灾致死”的结论，突然想到了几个疑点。

法医立即对尸体进行了进一步的详细检验，重点对眼睛、皮肤、呼吸道、血液进行了鉴定。在鉴定中，法医发现这具尸体的皮肤没有明显的炎症反应，这说明死者在到达火场前皮肤就已经失去了活性；尸体的气管和支气管中没有发现烟灰、炭末，而且尸体的血液中也没有发现大量一氧化碳，这说明死者的呼吸系统在被烧之前就已经停止了工作；另外，法医还发现尸体的眼角处没有太多褶皱，也没有出现睫毛根部保存完好的情况，这说明在被火烧之前，死者并没有产生本能地紧闭双目的动作。

根据这一系列的证据，法医认为“火灾致死”的结论是不合理的，死者应当是在死后惨遭焚尸。法医更进一步推理出是有人将尸体置入屋内，并纵火伪造火灾致被害者身亡的现场。

在这个案例中，法医就是通过不断寻找证据，找到了尸体不具备的某些属性，再与“死后焚尸”不具备的属性进行反类比，才得到了正确的结论，避免了误判给后续侦查工作造成误导。

这个例子也提醒了我们，在进行类比推理时，不能想当然地得出一些不可靠的结论，更不能把结论绝对化，而是应当时时刻刻考虑到另一种可能，然后多多进行反类比，有条件的话还可以进行合类比。如果反类比行不通，那就更加证实了正类比的准确性，这样正类比的结论才会对我们的实际工作更有帮助。

小心！别被机械类比误导了思维

类比推理是一种具有或然性的推理方法，我们应当认识到它的结论不一定百分百可靠。这是因为类比推理的客观基础是对象之间的同一性，然而有些对象之间其实是既具有同一性，也具有差异性的。如果我们对比的对象只有部分属性相同，却有很多属性不同，但我们却忽视了这些差异性，贸然地推出它们的其他属性也相同，那肯定会出现严重的错误。

这种错误的推理方式也被称为“机械类比”。在下面这个案例中，一位年轻的办案人员就犯了机械类比的错误：

某公司的财务室发生了盗窃案件，丢失了一些现金和票据。警方迅速展开调查，搜集了大量证据，并很快抓获了嫌疑人——有过案底的流窜盗窃犯陈某。据陈某交代，这次盗窃案是他和三个同伙所为，这些人先是在公司附近踩点一个星期，摸清了该公司人员上下班的规律。然后趁着夜晚保安疏忽的时候用工具开启了门锁，进入财务室盗走了财物。

在案件告破后，一位年轻的警察说："我想起了几个月前发生在这个地区的一桩盗窃疑案，那件案子也是发生在夜间，被人盗走了不少财物。那个案子一直没有什么线索，现在看来，应该也是这伙人做的。"

年轻警察虽然分析得头头是道，但是另一位警察却指出了一个重要的问题："那件案子不是这几个人做的，他们是流窜作案，发生那件案子的时候，他们并不在该地区。"年轻的警察还不服气，但对那几人反复审讯之后，他不得不承认自己的推理结论是错误的。

在这个案件中，年轻的警察仅仅从"作案地点接近""作案时间都是夜间"这两方面的属性相同就断定两个案件是同一伙人所为，却没有考虑到案件之间还有很多本质性的区别，所以他通过类比推理做出的结论就是不可靠的。

为了避免在类比推理时出现类似的错误，我们应当注意做好以下几点：

1. 尽量增加相同属性的数量

进行类比推理要注意增加相同属性的数量，也就是说，我们要尽可能多地比较两个或两类对象的属性。这样相同的属性越多，我们进行类比推理得到的结论就会越可靠。比如，有一位大学生对自己的同学说："我的毕业论文有 8000 字，引用了不少经典案例，在答辩的时候得到了老师的认可。你的论文也有 8000 字，也有很多案例，你肯定也能顺利通过答辩。"像这样的推理就是在做机械类比，大学生只考虑了两篇论文的两个相似属性（字数和案例），却不考虑其他属性的差异，就断定同学的论文也能像自己一样通过答辩，这显然是不切实际的。所以这位大学生应当尽可能地比较两篇论文的更多属性，如文笔是否流畅、观点是否准确、论述是否有条理、有没有跑题，等等，如此才能正确地衡量同学的论文的质量。

2. 尽可能寻找本质属性进行类比

在进行类比推理时，我们还要注意从类比对象的本质属性或最接近本质属性的属性进行类比。由于本质属性是事物、现象内部稳定的必然的联系，对其他属性还会具有制约和限制作用，所以从本质属性出发来作类比，获得的结论也会更加可靠；反之，若是脱离了本质属性，仅仅从表面、片面的属性进行类比，也会出现机械类比错误。

比如，一名诈骗犯在接受审讯时这样诡辩道："医生考虑到病人的心情，会对病人说一些善意的谎言；我也是出于这样的考虑，才对投资者说了一些谎言，要是我告诉他们投资亏损了，他们的心情得多难过啊。"这个诈骗犯就是故意忽略"医生欺骗病人"和"骗子欺骗投资者"这两件事情在本质上是完全不同的，他妄图利用错误的机械类比来掩饰自己的罪行，结果当然是被警方毫不留情地揭穿了。

3. 尽量分析类比对象之间的差异性

很多时候我们在类比推理中出现机械类比的错误，主要是因为忽视了事物、现象之间存在的差异。特别是有一些类比的对象虽然从表面上看具有相同的属性，可同时它们也具有很多不同的属性，甚至还会有互相矛盾的属性，对于这样的对象就不能进行类比推理，否则只能得到错误的结论。比如，有人将因为鲸和鱼类有一些相同之处，如都生活在水中，形体有相似之处，就错误地认为鲸也属于鱼类。然而鲸和鱼类还有很多差异，如鲸用肺呼吸，而鱼类用鳃呼吸；鲸是胎生哺乳动物，而鱼却是卵生水生脊椎动物，所以鲸和鱼是不同的，不能进行类比。

总之，我们应当认识到，类比推理虽然可以启发我们的思路，帮助我们找到解决问题的方案，但也要注意运用正确的方法，避免机械类比造成误导，把思维引入错误的方向。

第二节　特大车站盗货案

案件回溯

2015年，河北省某市的一个铁路局发生了一起特大盗货案，一列夜间停放在车站货场，准备第二天卸货装运的货车丢失了大量贵重货品，其中大多是手机、相机、平板电脑等体积较小、价值较高的电子产品，总价值超过12万元。

该市公安局刑警大队对本案非常重视，派出了重案中队调查本案。刑警们在勘查现场后，发现犯罪分子是五六人团伙作案，他们作案的手段比较简单，是用匕首等工具划开货车上的篷布，然后将货物掏出，再用三轮车运走。在反复核实案情的过程中，一位富有经验的老刑警向大家提出了自己的想法："我觉得这个案子和去年发生在××车站的案子十分相似。那件案子也是团伙作案，盗窃的货品也有轻便、贵重、容易脱手的特点，犯罪分子作案的时间和地点也是一致的，都选择了夜晚值班人员较少、管理松懈的货场。更有意思的是，那件案子的现场也出现了三轮车的轮胎痕迹。"

听到老刑警的意见后，在场的刑警都连连点头，他们立刻分成两个小组。一个小组继续调查与本案有关的线索，另一个小组开始与去年那起案件相关的嫌疑人接触。最终，刑警们经过缜密的调查，以去年那起案件的一个知情人为突破口，一举破获了这起特大盗窃案件，将涉案的六名嫌疑人抓捕归案。

请问，老刑警在本案中采用了什么样的推理方法？

推理分析

在这起盗窃案的侦破工作中，经验丰富的老刑警就采用了类比推理法，根据本案与过去发生的已知的同类性质的案件，进行详细的比对，找到了其中的相同之处，进而从过去的案件发现了突破口，这样不光提高了破案的成功率，还大大节省了时间和侦查人员的精力。

这种善于“由此及彼”的类比推理法也体现出了一种敏锐的洞察力，是值得我们在日常生活和工作中学习的。

第三节　夜间拦路杀人案

案件回溯

2002 年，内蒙古某旗发生了一起夜间拦路强奸杀人案。该案件在当地造成了非常恶劣的影响，当地公安局刑警大队接警后立刻成立了专案组，展开了调查摸排工作。但是犯罪分子具备一定的反侦察能力，几乎没有留下任何有价值的线索，所以一连几天过去，案情都没有获得丝毫进展。

就在刑警们一筹莫展的时候，下属的派出所突然接到报警，称当地又发生了一起拦路强奸案件。这次幸好有路人经过，才挽救了受害人的生命，但受害人已经被打成了重伤。事后，专案组根据受害人的描述，再结合已经掌握的线索，断定这两起案件是同一人所为。

专案组的根据主要有以下几点：首先，两起案件均发生在晚上10点左右，都是在城郊偏僻地段，路线非常隐蔽，说明犯罪分子对该地段的路况非常熟悉；其次，两起案件的作案手法相似，都是犯罪分子趁受害人单独外出时尾随至偏僻处，然后用匕首威胁、拳脚殴打，并用绳索捆绑；最后，在实施犯罪行为时，犯罪分子每次都会用受害人的衣服蒙住受害人的头部，这也是一个非常明显的特点。

根据这些案件中的共同点，专案组以案发现场为中心向四周辐射，对所有可疑人员进行了密集盘查，经过几个月的辛勤工作，终于将犯罪分子抓捕归案。在审讯中，犯罪分子对自己的罪行供认不讳，他的证词也证实了刑警们的推论是完全正确的——两起案件系同一嫌疑人所为。

那么，专案组推理分析的具体思路是什么？

推理分析

对于这起案件，刑警们采用的也是类比推理法，他们的思路大致如下：已知A案件的作案时间、作案地点、作案手段、作案工具等表现为如下特征a、b、c、d……B案件也有相同或相似的特点a、b、c、d。而A案件的作案人可能是××，所以，B案件也可能是××所为。

如此一来，刑警们就可以对两起看似独立的案件进行并案处理，这样可以利用的线索更多，而且一旦侦破一个案件，就能够一举突破两个或更多的案件，可以大大提高侦查工作的效率。

第四节 踹门入室盗窃案

案件回溯

2016年3月的一天，四川省泸州市下属某镇发生了一起盗窃案。失主是一对60多岁的农村老夫妻，这天他们一起外出赶集，临走前特意将窗户关好，大门锁好，没想到回来时还是发现家中失窃了。老大娘发现自己藏在衣柜里的4000多元钱被窃贼偷走，这些钱是老夫妻俩打零工辛辛苦苦积攒的，现在却被窃贼全部拿走，让夫妻俩伤心不已。

随后，老大爷赶到当地派出所，将事件经过向值班民警讲述了一遍。民警们很快赶赴现场，经过现场勘验、调查走访，确定嫌疑人是单人作案，而且是在光天化日下踹门入室的。老大爷家的门框已经被踹裂，门外距离地面20厘米处的墙上还有一个运动鞋鞋印。

在勘验过程中，老大娘又提到了一个线索："我藏在破衣服口袋里的200元钱被这个坏人偷走了，我老伴放在抽屉里的4包烟他也没有放过，这个小偷真是太贪心了……"

听完老大娘的话后，民警马上联想到了从2015年下半年到2016年发生的几桩踹门入室盗窃案，这几桩案件在案发时段、作案地点、作案手法、作案目标、现场痕迹等方面都有重合的地方，可见应是同一人所为。随后民警将这几起案件进行了并案侦查，从中总结出了这个窃贼经常出没的区域，然后到该区域的派出所调查相应的资料，很快就锁定了一名有过盗窃前科和服刑记录的嫌疑人。之后，在当地派出所的协助下，民警在目标区域开展了蹲守伏击工作，终于成功将嫌疑人抓获。

那么，在本案中，民警采用了什么样的推理方法呢？

推理分析

民警采用了类比推理法和归纳推理法的思路，他们发现老大爷家的失窃案在作案人（单人作案）、作案时间（白天）、作案地点（村镇的农户）、作案手法（踹门而入）、作案目标（屋内所有财物都不放过）、现场痕迹（门口有鞋印）等方面与过去的一些踹门入室盗窃案高度重合，所以他们可以将这些案件进行并案处理。之后他们又通过归纳推理法找到了嫌疑人在活动区域方面具有的规律，进而可以对嫌疑人“守株待兔”，最终成功抓获了嫌疑人。

第五节　坠楼的好友

案件回溯

在陕西省某市发生了一起坠楼事件，死者从 21 层楼的阳台上坠下，当场死亡。在场的嫌疑人刘某声称这是一起意外事件。刘某是死者的好友，两人关系密切，经常一起见面聊天。根据刘某的证词，死者是因为当天喝多了酒，到阳台收衣服时没有站稳，失足坠下。可是警方在调查中发现，刘某与死者存在债务纠纷，而且有知情人透露，刘某曾经与死者在公共场合大打出手，刘某还曾扬言“一定要杀了你”。

对此，警方不敢掉以轻心，马上展开了深入的调查。由于刘某的供词滴水不漏，警方找不到有用的线索，就找到了一名法庭科学家，根据死者的身高和体重，制作了几个一模一样的假人，然后分别将假人从21层的阳台上推下、扔下，并对比了假人自然跌落的效果。结果发现如果用力方向和力度不同，假人跌落的位置以及破坏的程度都有很大的差别，而死者坠楼的情况恰好与假人被从身后推下的情况非常类似。

当警方带着这个有力的证据继续审讯刘某的时候，刘某无法继续抵赖，只得承认自己当时与死者发生了争执，在盛怒下把死者推下了阳台。

请问，本案中用假人实验的结果作为证据可靠吗？为什么？

推理分析

在这个案件中，警方因为缺乏破案线索，不得已采用了模拟类比推理，也就是通过模型实验，将一个对象的属性、关系推广到另一个对象的推理。由于假人跌落的位置、破坏程度表现出了特殊的属性，而与假人同样身高、体重、形态的死者也应当具有这些特殊的属性，警方由此进行类比推理，就可以掌握死者跌落的具体情形，然后据此就能够戳穿嫌疑人编造的谎言了。

第六节　喜欢“洗晦气”的窃贼

案件回溯

2015年7月的一天晚上，广东省某市的一个派出所接到了辖区一家服装厂的报警，称有两间员工宿舍被盗，多名员工的个人财物被窃贼洗劫一空，损失超过7000元。民警通过实地调查，挨个排查可疑人员后，确定了嫌疑人是该厂的一名临时工李某，然而李某在作案后早已人去屋空。民警最后找到的线索是李某在作案后不久去了一家洗浴城，在那里洗了澡后就离开并消失了踪影。

此案一时之间陷入了停摆状态。正当警方继续研究后续侦查方案之际，8 月又接到了报案，称一家电子元器件厂发生了失窃案，被盗的同样是员工宿舍，嫌疑人作案的时间同样选择在晚上工人加班期间，作案后嫌疑人同样逃之夭夭。民警们立刻想到是此案应该也是李某所为，他专门盯紧工厂作案，假装应聘临时工，混入员工宿舍，在熟悉员工作息规律和个人财物情况后，用随身携带的工具撬开放有财物的抽屉、柜子，进行盗窃。

可是李某又一次逃跑了，民警该到哪里寻找李某的下落呢？这时一位民警提出了自己的想法："李某上次作案后去了洗浴城，这次会不会也去洗浴城呢？"大家觉得这个想法很有道理，便立刻行动，到附近的几家洗浴城排查，结果仅仅在一个小时后，就在一家洗浴城将李某抓获归案。

据李某交代，他每次作案完毕后都觉得心情十分紧张、害怕，为了缓解情绪，也想洗去身上的"晦气"，李某才会直奔洗浴城，可没想到自己的这个"爱好"却给警方提供了重要线索。

请问，警方是如何通过推理掌握李某行踪的？

推理分析

由于两桩盗窃案的作案时间（都是在夜间员工加班的时候）、作案对象（都是工厂宿舍里的员工个人财物）、作案方式（都是混入工厂、伺机行窃）、作案手段（都是用工具撬开抽屉、柜子）等属性是高度重合的，所以警方可以进行类比推理。

接着，民警又从第一桩案件中嫌疑人会去洗浴城这个线索出发，推理出了第二桩案件中嫌疑人也可能去洗浴城，从而能够找到案件的突破口。

第七节　豪车“碰瓷”系列案件

案件回溯

2016年9月的一天，在四川省某市的高速路上，发生了一起交通事故。开着一辆中档小轿车的陈先生将一辆豪华跑车的后视镜撞坏，跑车的主人要求陈先生赔偿维修费用1.2万元。陈先生自己也弄不清楚撞车的原因，而对方如此“狮子大开口”，陈先生也不愿意接受。双方争执起来，之后从跑车上走下来三个身强体壮的男子，对陈先生进行了殴打，还从他车里抢走了5000元。

待几人驾车扬长而去后，陈先生挣扎起身，将车开到服务区，找高速交警报案。交警立刻通知了高速沿线各部门，准备对犯罪嫌疑人所开的跑车实施拦截，然而最终交警的拦截却失败了，根据监控录像显示，嫌疑人是通过更换车牌成功逃离当地的。

交警部门对此案非常重视，联系了全省境内的相关部门，对嫌疑人进行协同追查。很快，德阳市的交警部门就反映说他们那里最近也发生过一起类似的案件，犯罪嫌疑人以同样的手段进行“碰瓷”，从一位车主手中强行抢走了8000元人民币。通过类比推理，交警部门认为这两起案件为同一伙人所为，作案车辆也可以确认就是同一辆豪华跑车。

资阳市的交警部门也提供了一个有力线索：2015年他们侦破了一起高速碰瓷事件，在作案手段方面与这两起案件如出一辙，只是作案人和作案车辆发生了变化。这些同类型案件都指向了海南省的一些租车公司，嫌疑人通过租车公司租用豪华跑车，然后到四川、湖南、湖北、云南等几个省流窜作案。他们一般会选择高速路行车较少的路段，寻找档次较高、只有一名驾驶员在内的车辆实施“碰瓷”，等车主停车后，他们就通过威逼利诱的手段进行敲诈、抢劫。

根据这些线索，交警部门从租车公司的登记资料入手，并结合其他证据，将几名嫌疑人抓获归案。

那么，本案中交警部门采用了什么样的推理方法呢？

推理分析

在这一系列案件中，为交警部门提供了很大帮助的就是类比推理法。首先，交警部门将具有相同作案地点（高速路车辆较少的地段）、作案手段（以后视镜被撞等理由碰瓷）、作案过程（碰瓷行骗，如车主不配合就殴打抢劫）、作案工具（同一辆豪华跑车）、作案人（同一伙碰瓷者）、侵害目标（档次较高、只有一名驾驶员在内的车辆）的两起案件结合起来进行类比分析，发现众多属性高度重合，所以可以确定它们属于同一类“碰瓷”案件。

接着，交警部门又从已经侦破的同类案件出发，根据其已知线索“租车公司”，推理出了未侦破的案件的线索，从而能够找到案件的突破口。

第八节　劫匪的鞋子

案件回溯

2014 年 3 月的一天，西班牙马德里市的一家杂货店遭遇了抢劫，劫匪是一个行事鲁莽的年轻人。他不顾店内还有几名顾客，就慌慌张张地冲进了店铺，用一把匕首威胁店主，让店主打开收银机，把现金都交出来。

那位店主是一个体格强壮的壮汉，他自然不肯示弱，与这名劫匪扭打作一团。混乱中有顾客打电话报了警，恰好附近就有巡逻的警车。听见警车呼啸而来，劫匪慌张失措，连忙挣脱了店主，向店外逃去。因为过于慌乱，他连自己掉下了一只鞋子都没有注意，那只光着的脚踩在地上，还在灰尘中留下了几个脚印。

劫匪冲到大街上，想要混到人群中逃走，但是几名警察合力包抄，还是将他抓获了。被捕之后，劫匪不停地大声嚷嚷，说自己是无辜的，还埋怨警察没有看仔细就随便抓人。这时，一名警察拿着一只鞋子走过来，让劫匪把双脚抬起来，仔细查看了他脚上的那只鞋子，对他说："不要胡搅蛮缠了，你看看，这不正是你掉下的鞋子吗？你穿欧码 41 的鞋子，这只鞋子恰好是 41 码，而且鞋底磨损的程度和沾染的尘土颜色都是一样的。"

劫匪这才发现自己不小心弄丢了鞋子，不禁后悔不已，但他还在努力狡辩。这次一位警察又发现了门口的脚印，便让劫匪过来比对，只见劫匪的光脚轮廓和脚印是一模一样的，他脚底黏附的很多灰尘也和此处的灰尘相同。这下劫匪再也无话可说，只得乖乖认罪。

那么，警方为什么能够肯定这个人就是劫匪呢？

推理分析

警察为了让顽固的劫匪低头认罪，就采用了类比推理的方法。他们举出了被抓获的人与劫匪的一系列相同的属性，包括鞋码一致、鞋子磨损程度一致、沾染的尘土颜色一致、脚印一致、脚底灰尘一致等，正因为有这么多属性高度重合，所以警察才有充足的把握断定被抓获的人就是劫匪。

这个案例也再次提醒我们，在进行类比推理时应当寻找尽可能多的相同或相似的属性进行比较，这样结论才会更加可靠。

第九节　时隔三年侦破的悬案

案件回溯

2009 年，湖南省某市接连发生了三起持刀抢劫杀人案，当地公安机关对这三起案件进行了反复调查后，发现它们有很多属性高度重合。比如，三起案件的嫌疑人身高都在 1.75 米左右，其他身体特征也十分相似；嫌疑人三次作案都挑选了刚从银行取钱出来的受害人，他用匕首逼迫对方交出现金和身上携带的贵重物品，得手后便逃之夭夭；在三次案件中，嫌疑人都有用匕首伤害受害人的行为，其中一名受害人伤势过重，当场身亡。

根据这些共同属性，警方认为这三起案件是同一人所为。可是，狡猾的嫌疑人在现场留下的线索极少，给警方的侦查工作带来了很大的困难。而且在第三起案件之后，嫌疑人就突然消失了，犹如人间蒸发，让警方无从查起。

随着时间的推移，此案一直没有进展，成了一个著名的悬案，人们也渐渐淡忘了那名凶残的犯罪嫌疑人。没想到在 3 年之后，江苏省某市又出现了类似的案件，并且一连发生了四起。受害人同样是银行储户，在走出银行没多远后就被犯罪嫌疑人挟持，身上的财物遭到抢劫。嫌疑人还用匕首伤害受害人，导致受害人不同程度受伤。

警方将这七起案件进行了类比，确认是同一名犯罪嫌疑人所为，并开始协调警力进行并案追查。根据这几起案件中嫌疑人活动的轨迹，警方进行了大量调查工作，从火车站、汽车站、旅馆、小饭馆到处搜集信息，最终成功确认了嫌疑人的身份。

之后警方布下天罗地网，在湖南、江苏、四川、贵州等相邻省市层层设卡，让嫌疑人无从藏匿。最终，在2012年8月，警方找到了嫌疑人暂时躲藏的山洞，将嫌疑人成功抓获。

请问，悬案侦破过程中，警方主要采用了什么推理方法？

推理分析

在悬案侦破的过程中，警方数次运用了类比推理法，将作案人员（同一名嫌疑人）、作案对象（从银行取钱出来的储户）、作案手段（用武力挟持并抢劫）、作案特点（有伤害行为）、作案工具（嫌疑人惯用的匕首）、作案地点（同一个市，都在银行附近）等属性高度重合的三起案件进行了并案处理，不过由于当时掌握的线索有限，导致侦查工作陷入了停摆状态。

对于三年后发生的四起案件，警方又运用了类比推理法，并与3年前的案件进行了对照，发现这七起案件除作案地点不同外，其他属性仍然是重合的，因此这七起案件可以并案处理，这就让案件的侦查方向变得更加清楚，同时也可以为警方提供更加充分的线索，使得悬案能够被成功侦破。

第八章

逆向推理法

第一节　从结果倒推原因，能够出奇制胜

逆向推理，让真相浮出水面

在进行推理的时候，我们可能会习惯性地遵循从已知线索出发，逐级推理直到获得结论的做法，这种推理的方法可以称为“正向推理”，像前面介绍过的归纳推理、类比推理等都属于正向推理的范畴。不过，有一类推理方法却正好与此相反，它就是“逆向推理法”，它是从结论出发，然后逐层倒推以验证结论的合理性，在这个过程中，我们要寻找的真相就会渐渐浮出水面。

对于破案专家来说，逆向推理法是一种非常实用的技巧，而且简单易行。在遇到令人迷惑的案件时，侦破专家们会对可疑的结论进行逆向推理验证，这可以使复杂的问题简单化，也有助于找到一些之前没有考虑到的细节，所以常常能够轻松、快速地破解难题。

在下面这个案例中，破案专家就采用了逆向推理法揭穿了嫌疑人的谎言：

2011年12月的一个深夜，某市的一处农贸市场内突然发生了火灾，一家服装店起火，店面被烧得干干净净，店主也被烧死在店中。幸好消防人员及时出动救火，才没有让火势继续蔓延，从而避免了火灾造成更大的

损失。

事后，消防部门与公安部门联合展开调查，确定这不是一起意外事件，而是有人蓄意纵火谋杀。负责侦办此案的刑侦支队很快定位了一个嫌疑人武某，此人来自外地，也在这家农贸市场开服装店。据农贸市场的工作人员反映，武某与死者曾经发生过几次口角，有一次甚至还动起手来。刑警们对这条线索非常重视，马上将武某带回公安局讯问。

负责讯问武某的是经验丰富的刘警官，他对武某提出了准备好的一些问题，武某在回答问题时表现得十分镇定、对答如流，证词挑不出任何漏洞。刘警官便直截了当地问道："你和死者是不是有很深的积怨？"武某听见这句话后愣了一下，但他立刻反应过来，马上变换了坐姿，从端坐变成了跷着二郎腿，表现出一副大大咧咧、满不在乎的样子，他还故作轻松地说："我不过就是跟他争论了几句，你们不会因为这样就要判我个杀人罪吧。"

刘警官看到他的表现后没有生气，反而笑了起来："你不要再掩饰了，还是老老实实地交代自己的罪行吧。"

刘警官是怎么看穿武某在说谎的呢？就是因为他采用了逆向推理法：如果武某不是凶手，那么武某在面对警方的讯问时就会表现得比较自然，然而从武某的表现来看，他显得过于从容镇定，反而有一些刻意表演的成分，这说明他可能已经做好了思想准备，对如何回答警方的问题胸有成竹。然而，当刘警官问他是否与死者有积怨时，他因为之前没有想到这个问题，所以出现了突然的发愣。虽然之后他竭力掩饰，但变换坐姿等一系列大的动作却暴露出了他内心的慌乱。更何况刘警官在讯问时还未提到"谋杀"一词，而武某却下意识地说出了"杀人罪"。凡此种种，都表明武某是在说谎，他很有可能就是纵火杀人的真凶。

从这个案例我们也可以发现，善于运用逆向推理法去思考和处理问题，常常能够产生出奇制胜的效果。而在现实生活和工作中，我们也不妨用逆向推理法来解决一些复杂的问题，它会帮助我们节省很多调查取证的时间，能够让我们的办事效率和效果成倍提高。不仅如此，很多依靠正向推理难以解决的问题，也可以利用逆向推理法获得最佳的解决方法和途径。

从目标开始，寻找让假设成立的依据

在采用逆向推理法思考的时候，我们需要从一个特定的目标或结论出发提出假设，再为这些假设寻找相应的依据，看看它们是否能够成立。如果假设不成立，就说明目标有误，我们需要重新订立目标；相反，如果所有的假设都能够成立，就证明我们的目标也是成立的。这样做的好处是目标集中，不必在一些与目标关联性不强的细节上耽误太多的时间，浪费太多的精力。

在下面这个案例中，一位破案高手就通过逆向推理法成功破获了一起盗窃案：

2016年3月，湖北省某市的一个派出所连续接到了几个来自辖区内某个小区的报警电话，有几名业主下班后回到家中，发现窗户被撬开，屋内被小偷翻得乱七八糟。有几户人家还丢失了一些贵重的首饰、手机、笔记本电脑等财物。

派出所的民警老刘马上到现场调查走访，他发现小偷对这个小区的情况非常熟悉，而且对于哪位业主家里白天无人也很了解，所以他将调查的目标定为“找到嫌疑人的去向”，他先假设小偷可能在小区或周边的小区居住。为了证明这个假设，老刘来到小区的保安处，调取了监控录像，他注意到在案发时间段有一个戴着眼镜、蓄着胡须的男子背着一大包东西从小区正门离开。老刘立刻调取了小区周边的一些监控录像，想看看男子到底去了哪里，然而这些摄像头竟然无一个拍下男子的身影。

这到底是怎么回事呢？老刘继续推理起来，他认为男子可能是在故意躲避监控，选择了小路离开。并且由于周边的小区都没有拍到男子，那么之前的假设就不成立了——男子可能住在离小区较远的地方。老刘知道附近有一条小路是直通地铁口的，他猜测男子可能乘坐地铁离开了，后来果然在地铁口的视频里又一次看到了该男子。

根据地铁监控显示，男子在某地铁站下车，但是出了地铁口后又一次消失了。老刘再一次假设男子可能住在这个地铁站附近，可是实地调查走访后，又发现周边没有小区，视频监控排查也没有再找到该男子。看来这个假设也是不成立的，老刘认为男子是一个经验老到的窃贼，他故意在此站下车，以便迷惑警方。实际上，他有可能是乘坐其他交通工具离开的。这时，老刘想到男子乘地铁用的是城市“一卡通”，那么他也有可能用“一卡通”乘坐公交汽车，而这个地铁站附近的公交站在那个时间段只有 3 辆公交车经过。于是老刘又用了一天的时间排查了公交车上的视频，终于在一辆公交车上发现了嫌疑人，还知道了他是在哪一站下的车。

公交车站附近有 4 个小区，老刘逐个排查了这几个小区的监控画面，最后看到了嫌疑人走进某小区的画面。联系了物业后，老刘得知嫌疑人在本小区的某单元租房居住。当天傍晚，老刘和几名民警将正准备出门作案的嫌疑人一举抓获，并从其家中搜出了大量的电子产品、银行卡、金银首饰等赃物。

对于自己被抓，嫌疑人感到迷惑不解，他说自己在每次作案前都会花费很长时间踩点收集信息，作案时还会戴上手套、脚套，避免留下痕迹。而且他很注意躲避摄像头，又经常变换交通工具以掩饰行迹。他认为自己已经做得足够仔细，可还是没想到会被老刘抓住了“狐狸尾巴”。

在这个案件中，老刘从“找到嫌疑人的去向”这个目标出发，采用逆向推理法不断提出假设，又通过一点一滴寻找依据，推翻了一个又一个错误的假设，再重新定义新的假设，因而能够逐渐掌握嫌疑人的动向，最终将嫌疑人成功抓获。

这种逆向推理、精准分析的方法对于解决问题来说是非常实用的，我们在平时工作、学习中遇到难以突破的问题时，也可以参考民警老刘的做法，按照如下的步骤进行逆向推理：

1. 确定我们要验证的目标

这是整个逆向推理法的起点，我们必须首先明确自己的目标，才能从目标出发去倒推源头。比如，对于破案专家来说，如果某案件中某个当事人具有很大的嫌疑，但却无法掌握其动机，那么目标就可以定为“确定嫌疑人的动机”，然后由此逆向推理，看看嫌疑人为什么要做这件事情，目的何在。在明确这个目标之后，推理工作就会变得更加有的放矢，也就不会多做很多不必要的无用功了。

2. 根据目标提出假设

在确定了目标之后，我们要根据目标提出一个个假设，如果假设都能成立，那么目标的成立也就不成问题了。不过，我们也要注意到，由于这种假设特别是最开始的假设具有一定的盲目性，所以很难做到一假设就成立，对此我们要有足够的认识，不要因为连续几个假设都不成立就放弃进一步的推理。

比如，在一个失火案件中，警方发现死者躺在床上，尸体已经被烧焦，床铺上方的电线也被烧毁，可以看出火苗是从床上开始燃烧的。又因为死者与妻子的关系不和睦，经常发生争吵。所以警方在逆向推理死因时就提出了三种假设：电路故障、死者自杀、被人谋杀。通过进一步的调查，前两种假设都被否定，“谋杀”的假设最终成立，这也为警方的侦破工作指明了方向。像这样的案例还有很多，事实上，在逆向推理过程中，不成立的假设反而能够帮助我们缩小调查范围，并有助于让思路走向更加正确的方向，所以我们要敢于大胆假设、多次假设。

3. 寻找足够的依据判断假设是否成立

在提出假设之后，我们要围绕假设的内容去寻找与之有关的信息和证据，以验证其是否能够成立。比如，在本节案例中，民警老刘先假设嫌疑人住在案发小区内或小区周边，为了验证这个假设，他就想办法调查了小区和周边的监控录像，结果发现自己的假设是错误的。于是他又假设嫌疑人乘坐地铁离开，之后通过寻找地铁监控录像发现这个假设是正确的。

就这样，通过一次次验证，他距离案件真相也就越来越近了，这种从目标出发的逆向推理法是值得我们参考和学习的。

观察蛛丝马迹，避免主观臆断

与其他推理方法相比，逆向推理法带有非常鲜明的特点，如它的逻辑系统是不单调的，在某些前提条件下推理出的结论是真实的，然而一旦加入新的前提条件，这个结论就有可能出现问题。所以逆向推理的结论是可以修正的，我们不能因为暂时得到了结论而松懈，而是应当穷根溯源，不断搜集信息，对原先的结论进行及时的修正，这样获得的结论才能够更加接近于真相本身。

对于破案专家们来说，在采用逆向推理法的时候，就更要全面分析案件，详尽考察各种证据，对任何蛛丝马迹都不能有所遗漏，而在逆向倒推案情的时候更要以事实为依据，不能够有任何的主观臆断。

在下面这个案例中，警方在逆向推理案情时就一度进入了误区，幸好一位刑警注意到了一个细节，才使案情获得了突破性的进展：

山西省忻州市某乡的一个小村庄里，发生了一起骇人听闻的惨案。农户刘某半夜被人杀死在自家的床上，其妻子冯某也被吓得神志不清，一直在念叨："蒙面人……蒙面人……"

刑警对现场进行了仔细勘查，但没有发现作案工具，只能根据死者身上的伤口创面判断凶器可能是砍刀之类刀片较长的利器。在调查中，刑警发现了一个疑点：死者被砍杀时大量出血，浸透了床褥、枕头，可是睡在死者身边的冯某全身上下居然没有多少血迹。因此，刑警认为冯某有一定的嫌疑，她很有可能与凶手里应外合杀害了他的丈夫。

除了冯某，刑警还将几个与死者发生过纠纷的村民列为怀疑对象，因为按照逆向推理法来看，凶手如果真是蒙面作案的话，就肯定是怕被他人认出，那么他必然与死者比较熟悉。而且他连夫妻睡觉的位置都了如指掌，可想而知必定是村里的熟人。

然而，经过对几名嫌疑人进行讯问后，警方发现他们不是没有作案时间，就是与凶手在现场留下的足迹不相吻合。这样嫌疑人就只剩下冯某了，如果无法解开她身上未沾染血迹这个谜，那么她无疑就是凶手了。

对此，刑警小罗陷入了苦苦思索中。一天晚上，他被同事的鼾声吵醒，正在懊恼中，忽然想到了一个问题，凶手如果不是熟人的话，其实也能够成功作案。为了证明这一点，他还专门询问了冯某和一些村民，知道死者睡觉时确实有大声打鼾的习惯，这更证实了小罗的想法。小罗把自己的推理告诉了上级，于是大家重新调整了侦查方向，最后在十几里外的村子抓到了真正的凶手。据凶手交代，他因为欠下赌债经济拮据，才产生了作案的企图。本着“兔子不吃窝边草”的心理，他选择了死者所在的村子。因为听说死者家境殷实，便滋生了歹念，为了掩盖行迹，他特意用白布蒙上了脸，一进屋就直奔鼾声最大的地方连砍数刀……

在这个案件中，警方最初采用逆向推理法时就存在主观臆断的问题，仅仅因为“凶手蒙面”和“熟悉死者家中环境”就断定凶手必定是本村的熟人，却忽略了“不熟悉死者情况也能作案”的可能。而刑警小罗则想尽办法搜集更多依据，进行更进一步的逆向推理：假设凶手并不是本村人，对死者家中的情况也不熟悉，那么他在夜半进入冯某家后本来不应该知道夫妻俩睡觉的位置。可就是因为死者睡觉时有大声打鼾的习惯，这才让凶手轻易地判断出了死者所在的位置，所以凶手才会准确地对死者下刀。

至于本案中血迹的问题，其实也可以通过逆向推理来解释，如果死者睡在妻子冯某的左边，而凶手从左向右砍杀死者的话，血液就会沿着凶器下落的反方向即向左侧喷溅，那么睡在右侧的冯某身上也就不会被溅上多少血迹。

从这个例子我们也可以发现，想要让逆向推理发挥更加理想的效果，就需要穷根溯源，搜集尽可能多的依据，想透尽可能多的疑点，不能因为一知半解而草草了事。

因此，我们在进行逆向推理时，一定要注意遵循以下这两条原则：

1. 逆向推理不能有所遗漏

进行逆向推理时不能忽略任何可能的细节，所以我们一定要集中精力去观察，哪怕再细小的现象也不能放过，因为它很有可能会影响我们的判断。就像本节案例中，刑警若不是注意到了“打呼噜”这个小细节，就会让案件侦破工作陷入停摆。所以，我们千万不能抱着碰运气的心理瞎猜一个结论，而是应当力求精确。

2. 逆向推理过程必须完整

在进行逆向推理时，我们必须仔细评估眼前的现象与分析出的结论，要确保二者之间有必然的联系，否则结论就不具有可靠性。另外，我们想到的假设也应当与要解释的现象之间有相关性，不能凭空胡乱假设。同时我们的推理过程必须完整，否则无法证明假设是否成立。

此外，我们还要对得到的结论进行检验，特别是在获得新的前提、新的依据后，就更要仔细衡量结论是否准确。只有这样，逆向推理获得的结论才能满足我们的实际需求，才能帮助我们圆满地解决所要解决的问题。

第二节　夜半敲门声

案件回溯

有一位民警小李因为公事出差到外地，住进了一家宾馆的605号房间。入住之后，一位本地同事告诉小李，最近经常有小偷在各大宾馆、酒店出没，有一些客人的财物被盗，于是小李就提高了警惕。

当晚9点多钟，小李正忙着写一份调查记录，忽然听到了敲门声。小李随口问了一句："什么事？"敲门声立刻停止了。当天晚上风平浪静，什么事都没有发生。

第二天晚上，大概10点钟的时候，小李正准备睡觉，忽然又听到了敲门声。小李还是问了一句："什么事？"敲门声又停止了。这让小李感觉很不对劲。

第三天晚上，敲门声在快11点的时候又一次响起。这次小李没有出声，悄悄地走到门口，小心地扭开门锁，然后一把拉开了门。只见外面站着一个个头矮小、相貌猥琐的男子，他没想到小李会突然开门，吓得愣在了原地。小李冷冷地说："你是谁？你要干什么？"男子的反应很快，马上说："不好意思，我走错了。"说完这句话，他扭头就要走开。

小李一个箭步追上去，一把扭住了男子的肩膀，问道："你是几个人住？"男子吓了一跳，连忙回答："一个人，就我一个人。"小李忍不住笑了，说道："别说谎了，走，跟我到宾馆保卫部去。"

请问，小李是如何看出男子在说谎的呢？

推理分析

小李是通过逆向推理法找到嫌疑人话中的破绽的。嫌疑人说自己走错了，如果这是事实，那么他认为眼前要进入的是自己的房间，而且他是一个人住的，那么房卡或钥匙肯定在他自己手里，他可以自己开门，又何必要多此一举地敲门呢？所以他肯定是在说谎。

接着，小李可以逆向推理嫌疑人的动机：他每天晚上都来敲别人房间的门，应该是想弄清楚里面有没有人在。如果有人出声答应，那他就会离开，换个房间继续敲门；如果无人应声，就说明房间里没人，那他就可以想办法进屋实施盗窃行为。这就是为什么小李总在晚上听见奇怪的敲门声的原因。

第三节　溺水事件的真相

案件回溯

2015 年 9 月的一天，法国马赛的一个警察局突然接到了报警电话，称有人在市郊的一条河中溺水身亡。

警方赶到现场，迎接他们的是死者的朋友雷诺先生。雷诺先生说他们两人相约来此钓鱼，死者还特地租了一条皮划艇。不过两个人都不太会划，所以一时手忙脚乱的。再加上当时水流比较湍急，死者脚下打滑便掉了下去。雷诺先生当时正在掌舵，并没有注意到这个情况。等他听到叫喊声，回头去看的时候已经来不及了。他试图用手去拉，但是没有拉住死者。而且他也不会游泳，所以也没办法下水救援，只能眼睁睁看着死者消失在眼前。

听完雷诺先生的陈述后，警方没有发表意见，而是等待法医提供检验结果。法医在死者后脑发现了一处可疑的瘀伤，除此以外死者全身上下没有其他明显的伤痕。警长问法医："死者后脑的伤口有没有可能是在落水后撞击石块造成的？"法医回答："瘀伤较长，更像是用较长的钝器打击而成，而非撞击在一点上形成的；并且撞击伤有外轻内重的特点，死者的瘀伤并不符合。"

警长沉吟了片刻，说道："我明白了，这恐怕不是意外事件，而是谋杀案。"

那么，你知道警长推理的依据是什么吗？

推理分析

警长可以采用逆向推理法进行推理，假设雷诺先生说的是真话，那么他当时是在掌舵，不过皮划艇的掌舵者需要坐在船尾，所以雷诺先生不可能“回头”去看死者怎么落水，由此可见，他是在对警方说谎。再加上法医发现了重要的证据：死者脑后有打击伤，而且是较长的钝器造成的，那么符合条件的钝器正是船上的船桨，所以极可能是雷诺先生趁死者不备，用船桨击中死者后脑，才让死者站立不稳掉进了河水中。因此，警长才会认为这是一起谋杀案。

第四节　奇特的劫机案

案件回溯

2011 年，有一架从埃及的塞得港飞往伊斯梅利亚的客机遇到了劫机事件。在飞机起飞后不到 10 分钟，有一名去卫生间方便的中年男子匆匆忙忙地跑出来，对着空中小姐大声喊道：“不好了，不好了！我们遇到劫机犯了！”他的叫声惊动了不少乘客，大家都惊恐地喊叫起来。

两名空中小姐闻声赶来，她们在中年人的带领下走进了卫生间，看到墙上用黑色的签字笔写着一些文字：“我在飞机上安装了炸弹！你们必须修改航线，前往开罗，否则我会在 10 分钟内引爆炸弹。”

两名空中小姐虽然受过专业训练，但遇到这种情况，还是觉得非常恐慌。她们赶紧与机长联系，机长又与地面空管紧急讨论了一番，最后决定先答应劫匪的要求，避免激怒他给乘客带来危险。与此同时，空管也在第一时间报了警，警方在开罗机场设下重重埋伏，只等飞机降落就想办法抓捕劫匪，救出乘客。

就这样，飞机改变了航线，从距离塞得港较近的伊斯梅利亚飞往较远的开罗。机上所有工作人员的心情都十分紧张，生怕劫匪会做出什么危险举动，可是一直到飞机降落都没有出现任何问题。在开罗机场，负责处置劫机事件的警方总指挥拉合曼先生将所有乘客暂时扣留，又派特警到飞机上搜查炸弹，没想到飞机上根本就没有发现任何与炸弹有关的痕迹，此次劫机事件纯属虚惊一场。

这时候，被扣留的乘客们开始大声叫嚷起来，他们强烈要求警方放人，还要求航空公司赔偿他们的损失。难道就这样处理这起案件吗？拉合曼先生皱紧了眉头思考了一阵，想到了那张要求更改目的地的纸条，他突然微笑了起来，指着一个人说："我发现你了！你必须为这次事件负责！"

你知道拉合曼先生指出的人是谁吗？

推理分析

由于特警证实了飞机上根本就没有炸弹，也不存在什么劫匪，那么第一个发现"劫匪信号"的人也就是那名中年乘客就显得非常可疑，那些假信息很有可能是他在卫生间偷偷写下来的。不过令人感到费解的是他的动机，他为什么要这么做呢？拉合曼先生通过逆向推理，想到了他唯一的目的——改变目的地，也就是说他可能出于某种原因没有买到去埃及的机票，只买到了去伊斯梅利亚的机票，但他又有不得不立刻到埃及去办理的事情，所以才会不顾一切地出此下策。

事实上，拉合曼先生对这名中年乘客进行审讯后，也证实了自己的推理。他想要去开罗参加独生女儿的婚礼，却弄丢了机票，而手头的现金只够买一张去伊斯梅利亚的机票，所以他不得已才想到了伪造劫机案的办法。尽管他的行为没有给乘客安全造成实质性危害，但却给航空公司、警察局的工作带来了很多压力，还浪费了公众资源，并且他的举动还耽误了众多乘客的正常行程，所以拉合曼先生才会说他必须为这次事件负责。

第五节　凶案现场的竹筐

案件回溯

2017 年 9 月的一天，四川省某市郊区发生了一起谋杀案。死者是一个 20 多岁的男青年，死因是被钝器砸伤头部，凶器就是河边的一块巨大的鹅卵石，在上面还沾染着死者的血迹。

除鹅卵石外，刑警还注意到了现场有一个较新的竹筐，他们怀疑是犯罪嫌疑人留下的，但还需要进行进一步的检验才能肯定。

后来经过检验，发现竹筐内部附有少量的狗毛，可见竹筐曾经被用来装狗。什么样的人会用竹筐来装狗呢？刑警根据常识推测，养宠物狗的人肯定不会把自己心爱的小狗装进粗糙的竹筐，倒是狗贩才有可能做出这样的行为。

因此，刑警猜测此案的嫌疑人可能是狗贩，由此设定了侦查的方向和范围——到附近的农贸市场上寻找与狗贩相关的信息。经过几天的调查后，终于获得了一些有力线索：有目击者在临近小镇的集市上见过背着竹筐的狗贩，这名狗贩大概 35 岁左右，身高不超过 1 米 7，偏胖，秃顶，左脚微跛。警方根据这些线索在附近几个村镇进行了摸查，终于找到了犯罪嫌疑人的落脚点，并将其抓获归案。

请问，刑警在本案中采用的推理方法是什么？

推理分析

在本案中，刑警仅仅从案发现场的一个竹筐出发，进行逆向推理，就找到了嫌疑人的线索，这种高超的推理能力是值得我们学习的。

具体来看，刑警在本案推理过程中先假设竹筐是犯罪嫌疑人留下的，那么其中一定会留有犯罪嫌疑人的痕迹，经过检验，其中确实有犯罪嫌疑人留下的痕迹（狗毛）。接着再从痕迹逆向推理犯罪嫌疑人的身份，假设嫌疑人是宠物饲养者，那么出于对狗的喜爱嫌疑人不会将狗放入粗糙的竹筐中，所以嫌疑人不是宠物饲养者，而是卖狗获利的狗贩。掌握了嫌疑人的身份之后，想要找到他就变得简单多了，而这也是本案最终能够被破获的原因。

第六节　假冒运钞车

案件回溯

2001 年，在浙江省温州市发生了一起假冒运钞车骗劫银行现金的重大案件。犯罪嫌疑人的手段非常巧妙，而且显然事前经过了周密的策划和准备。他们一行 4 人穿着银行的制服和经济警察的迷彩服，开着经过精心伪装的银行运钞车，在下午银行营业时间刚刚结束时，突然来到银行。这个时候银行工作人员正忙着清理现金、盘账，等待运钞车前来运走现金。所以当这些嫌疑人到来的时候，工作人员只是对运钞车提前出现感到有些奇怪，却没有发现他们竟是“冒牌货”。

没过多久，嫌疑人就与会计完成了交接手续，带走了3只装款箱，里面装有60多万元人民币和折合人民币约33万元的各种外币。嫌疑人驾驶着运钞车离开了银行，在半路上，一位嫌疑人还抽空给银行保卫部门的领导打了个电话，让对方不用再安排运钞车。对方也没有怀疑，这更为嫌疑人争取了一些时间。他们丢弃了运钞车、迷彩服等作案工具，将骗来的赃款瓜分完毕，然后各自分头携款潜逃。

此案引起了公安部门和政府部门的高度重视，为了侦破此案，更是成立了由300多人组成的专案组，经过一天一夜的侦查，掌握了嫌疑人车牌号和其他一些有价值的物证。专案组的破案专家更是通过逆向推理法将侦查范围逐渐缩小，最终锁定了几名嫌疑人，使案件以最快的速度告破。

假如你是专案组的一员，那么你该怎样进行逆向推理以确定嫌疑人的范围呢？

推理分析

在本案中，有大量事实证据表明嫌疑人对押款业务的细节非常熟悉，所以专案组的破案专家在进行逆向推理时会做出这样的假设：如果嫌疑人不是银行内部工作人员，那么他们不可能如此精确地选择作案时间，也不可能知道该如何伪造运钞车和服装。

更为重要的是，非银行工作人员不可能这么了解银行的正常交接程序，更不会记得在作案后还通知保卫部门不用再来运钞，这些都是外部人士不可能接触到的工作机密。由此可见，嫌疑人肯定是银行内部工作人员，而且应当是对押运、出纳、保安等岗位的工作非常熟悉的人员。所以专案组最后就将侦破的重点集中在这几类人员身上，并很快就找到了嫌疑人——

该银行保卫科守押科的一名驾驶员和一名之前被开除的保安。其中那名驾驶员是本案的主要策划者，他自以为本案天衣无缝，在案发后还若无其事地到银行上班，结果被公安机关一举抓获。

第七节 底特律连环爆炸案

案件回溯

2016 年，在美国密歇根州的底特律市发生了连环爆炸案件。4 月 13 日的夜晚，一家百货公司的卫生间里发生了爆炸，致使两名顾客受伤。在之后的 24 小时内，又一连发生了 4 起爆炸，这些爆炸事件发生的时间、地点带有随意性，有傍晚，也有深夜；有饭店的后厨、大厦的地下室，还有一起是在一个垃圾箱内。

当地警方收集了炸弹残余物，发现嫌疑人使用的雷管是正规生产的产品，并非自己炮制的土炸弹，警方又根据雷管管壳外表的编码查到它们是由一家政府指定的军火零售商出售的。由于当地法律规定，购买军火制品必须亲笔签名，还要填写地址。所以警方立刻赶赴这家军火商店，要求店主提供近一个月来的购物清单。最终警方在 4 月 2 日的一张清单上找到了嫌疑人的签名。对于嫌疑人留下的名字，警方并没有抱太大希望，经过调查也证实这确实是一个假名。不过嫌疑人的笔迹却给警方提供了很大的帮助，他们找到了一位笔迹学家，通过他的分析，警方了解到了嫌疑人的性格特点和精神状态，并结合其他证据，将嫌疑人成功抓获。

那么，警方在本案中是怎么进行推理分析的呢？

推理分析

本案中，警方在寻找嫌疑人时就采用了逆向推理法，先假设嫌疑人使用的是正规生产的雷管，那么他只能在唯一指定的渠道购买雷管。再假设他只能在这类渠道购买雷管，那么他就必须遵循当地法律法规——需要在购买清单上填写签名。正是因为推理到了这个具有关键性的结论，警方才能够找到最有力的线索，并最终成功破获此案。

第八节　误杀还是谋杀

案件回溯

美国某市一位从事食品加工行业的商人库克先生特别疼爱自己只有五岁的儿子查理。每天忙完工作回到家后，库克先生就会和查理一起玩耍、嬉戏，十分开心。查理最喜欢的游戏是“警察抓强盗”，他每次都要扮成警察，用一把玩具手枪对着扮成强盗的父亲发射塑料弹珠，嘴里还发出“啪啪”的声音，而库克先生也会十分配合地捂着胸口栽倒在地。

有一天，库克先生带着一位客人回家吃饭。在进家门之前，库克先生带着歉意说：“我儿子很顽皮，很喜欢扮成警察跟客人开玩笑，一会儿你要是看见他拿着玩具枪冲过来，不妨配合他一下，他就会特别开心了。”客人是个喜欢孩子的人，当即笑着答应了库克先生的请求。

二人一同走向大门，库克先生说自己要去停车，他非常热情地请客人先进门，客人便径直走了进去。很快，客人就听见了一个男孩的声音：“强盗，举起手来，你跑不了了！”客人知道是查理在和自己开玩笑，便配合着举起手来。查理高兴地端起了手枪，扣动了扳机，哪知道从这支手枪里竟然射出了真正的子弹，客人胸口中弹，随即惨叫一声，仰面倒下。

眼看着客人停止了呼吸，库克先生连忙打电话报警。警方赶到后，经过一番核查，初步判断是查理拿了库克先生用来自卫的手枪，当作玩具手枪玩耍，才造成了如此悲剧。不过由于他尚未成年，也没有故意伤害他人的企图，所以不会承担任何法律责任。

对于这样的结果，那位客人的家人自然不会满意，他们聘请了私家侦探——大名鼎鼎的贝克先生调查此案。经过一段时间的调查后，贝克先生发现死者最近有意进入食品加工行业发展，而这将对库克先生的生意构成很大的威胁。另外，贝克先生又研究了玩具手枪和凶器手枪，他发现那把玩具手枪制作得非常逼真，无论是外形、构造、重量都和真枪十分相似，只不过玩具枪没有保险装置。

根据这些信息，贝克先生认为此案是一桩谋杀案，根本就不是警方认为的儿童误杀案。那么，你知道贝克先生的推理依据是什么吗？

推理分析

贝克先生是根据案件的结果进行逆向推理，才逐渐看清真相的。比如，假设孩子玩耍的玩具枪与真枪不同，那么他只要拿起枪就会发现异样，并且也无法顺利使用。然而事实却并非如此，那么就很有可能是有人故意安排了一把和真枪一模一样的玩具枪，并且每天让孩子熟悉玩具枪，对他进行“训练”，使他慢慢学会如何使用真枪，从而能够利用他来犯案。

再如，假设“警方说孩子拿走了父亲的真枪”是事实，但是在一般的家庭中，手枪这种危险的物品都是被严格保管的，孩子很难接触到，所以孩子不可能拿走真枪，而是有心人偷偷将真枪与孩子的玩具枪做了调换。

此外，真枪在使用过程中需要打开保险装置，而玩具枪上却没有保险装置，这也说明有人事先做了这件事，才能让孩子可以顺利地对客人开枪。

根据以上这几点进行逆向推理，就会发现能够做到这几件事的人只有库克先生，所以库克先生才是策划本案的真正嫌疑人。

第九节　自导自演的博物馆馆长

案件回溯

2017 年 6 月的一天，美国科罗拉多州丹佛市的一家警察局接到了报警电话，报警的是一家博物馆的馆长，他说他珍藏的一本价值在 100 万美元以上的绝版古籍被人偷走了。

警方赶到博物馆后，在失窃现场——馆长办公室进行了勘察，发现原本装着古籍的柜子已经被撬开，外表损坏比较严重，看样子窃贼是用尖锐的利器撬开了柜门，才拿到了古籍。奇怪的是，窃贼的目标似乎十分明确，他直奔古籍而来，却对博物馆里众多的文物不屑一顾，警方也与馆长确认过，除这本属于馆长私人的古籍外，馆里没有其他损失。

除了馆长自己的指纹，警方也没有从柜子上提取到其他人的指纹。警方又问了馆长一些细节问题，馆长回答得含含糊糊。这不禁引起了警方的怀疑，警探史密斯突然问道："馆长先生，你是否为如此珍贵的古籍购买了保险呢？"

馆长不假思索地说道："那当然了，我买的是最贵的财产险，保费就高达 15 万美元。"

史密斯"呵呵"一笑："原来如此，我明白你为什么要费尽心机自导自演这起盗窃案了。”

那么，你知道史密斯是如何看穿这一点的吗？

推理分析

在本案中，史密斯警探是通过逆向推理法揭穿馆长的阴谋的。假设古籍真的是被别人偷走的，那么在办公室里应当出现窃贼的指纹，当然也有可能什么指纹都没有，因为要擦去指纹的话应当擦去所有的指纹，不可能只留下馆长的指纹，可是现在只发现了馆长的指纹，这就说明馆长可能是在说谎。

另外，假设馆长真得十分担心古籍被偷走，那么他就不会只用一个容易被撬开的柜子来存放古籍（可以用保险柜来存放）。而且窃贼的目标也太过于明确，只偷走了古籍，却忽略了博物馆里其他价值连城的宝物，这一点也不合常理。所以史密斯警探又用逆向推理法倒推馆长的动机，发现他为古籍购买了高额保险，因此怀疑他是为了骗取保险金才自编自导了这一出闹剧。

第十节　不翼而飞的手机

案件回溯

白领小何刚刚花了一个月的工资买了某品牌最新出品的高档手机，他对这款手机爱不释手，无论到哪都要带着，就连中午去餐厅就餐也要把手机放在餐桌上欣赏。

这一天中午，小何又来到了餐厅，他把手机放到了餐桌上，又叫来一个服务员，准备点菜。正在这时，公司的一位领导也走进了餐厅，小何连忙起身去和领导打招呼。几分钟后，小何回到了自己的座位，他惊讶地发现手机竟然不见了。他赶紧借了领导的电话，拨打自己的号码，却听见了提示音："您拨叫的用户已关机"。

心爱的手机不翼而飞，让小何焦急不已，他赶紧去找刚才帮自己点菜的服务员小马，问他有没有看到过手机。小马说自己从来不会注意这些细节，还说餐厅里人来人往，谁都有嫌疑，要怪就只能怪小何自己没有保管好个人财物。

小马的态度让小何十分不满，考虑到手机价值不菲，而且还存储了很多重要的个人信息，特别是关联了银行卡号、支付宝账号等，可能会给自己造成更多损失，所以小何只好报了警。

派出所的民警小孙来到了现场，了解了情况之后，他认为小马有作案条件，而且他对失主说话的态度也很奇怪，但他没有立刻表现出对小马的怀疑，而是继续询问餐厅的其他员工。在此期间，小孙告诉大家在没有找到手机前大家都不能外出，以免嫌疑人将手机转移到餐厅以外的地方。

没过多久，小孙就注意到小马去了几次厕所，他询问了其他员工，知道小马并没有患肠胃病，那么他为什么要频频出入厕所呢？小孙突然想到了一个问题，之后他重点盘问了小马，终于找到了手机的下落。

你知道小孙想到了什么问题吗？

推理分析

民警小孙在进行案件推理时，采用了逆向推理的方法。假设小马没有偷客人的手机，那么他的行为举动应当和其他工作人员一样正常，可是他却表现出了异常行为——频繁出入厕所。小孙又了解到小马并没有肠胃不舒服，那么他去厕所肯定有特殊的目的，如他可能偷偷将手机藏进了厕所，又因为担心被别人发现，才会不时前去查看。所以小孙重点盘问了小马，果然得知小马将手机关机后，藏在一般人不太会注意的厕所通风口内侧。就这样，小孙为失主找回了手机，也抓获了偷窃手机的嫌疑人——小马。

第九章
发散推理法

第一节　打破思维界限，迸发奇思妙想

让思维无限发散，思路不断延伸

发散推理，顾名思义，就是让思维从一点拓展开来，调动自己的想象力，向更多方向进行想象和推理，从而可以产生出更多的、更新颖的思路，并有可能获得有创造性、突破性的想法，使得无法通过常规思维解决的问题得以顺利解决。

发散推理，也是破案专家们经常会采用的一种推理妙法。在案情难以推进的时候，破案专家们常常会根据一些不起眼的小细节进行天马行空式的思考，有时他们产生的想法乍听上去甚至有些不切实际、不可思议，但恰恰是这些奇思妙想才揭开了案件的真相。

在下面这个案例中，一位破案专家就是利用发散推理法，从一些看似与案情无关的细节出发，找到了真正的凶手：

在美国加利福尼亚州的一个住宅区里，有一位独居的老人被发现死于自己的家中。这位老人曾经在海军陆战队服役多年，手头拥有一笔丰厚的退休金，而且老人不太信任银行，就选择将大笔现金保存在家中的保险柜里，没想到这个决定却为自己招来了杀身之祸。

发现老人的是定期来做家政服务的布朗女士，当她用钥匙打开老人家的大门后，赫然发现老人仰面倒在客厅的地板上，胸口还深深插着一把匕首。由于布朗女士是每周来做一次服务的，而老人死去的时间却在几天之前，所以当她发现老人的时候，尸体腐烂的程度已经比较严重，屋子里还散发着浓浓的恶臭。

布朗女士惊慌失措地拨打了报警电话，稍后，警长唐纳德先生带着一些警员来到了现场。经过他们的勘察后，发现这是一起入户抢劫杀人案件，老人家里被凶手翻得乱七八糟，保险柜也被凶手用暴力开启，里面的现金全部被洗劫一空。

考虑到老人的社会关系比较简单，平时生活也很节俭，唐纳德先生认为凶手应该是对老人有足够的了解，才会知道老人在家中藏有一笔不菲的财富。再加上大门处没有撬锁或暴力撞击的痕迹，室内也没有搏斗过的迹象，唐纳德先生猜测这是熟人作案，此人借着老人对自己的信任骗开了门，又趁老人不备将其杀害。

经过唐纳德先生的推理之后，凶手的范围一下子缩小了很多。但是警察们调查了平时和老人有过接触的邻居、熟人等，都排除了他们的嫌疑，就连布朗女士也没有躲过他们的盘问，不过布朗女士很快也被证明是无辜的。

案件又一次遇到了“瓶颈”，唐纳德先生却并没有灰心，他利用发散思维，继续寻找可能的线索。这时，他忽然注意到在老人家门口的草地上胡乱扔着一些报纸，显然这是送报人每天早上随手扔过来的。唐纳德先生将报纸收起来检查了一下，发现连最新的一期报纸都有。接着，唐纳德先生又检查了信箱，看到里面放着一些信件，恰好邮递员来投递今天的信件，唐纳德先生还和他简单地聊了两句。等邮递员走后，唐纳德先生看到大门外的台阶下有两瓶牛奶，他将牛奶瓶拿起来看了看，发现日期被人撕掉了，但是这两瓶牛奶已经发出了酸臭味，颜色也有些发黄，显然已经过期了。这下子他有了主意，马上让几个警察去抓捕真正的凶手。

那么，你知道本案的凶手到底是谁吗?

在这个案件中，唐纳德先生没有局限于“熟人”的限制，而是通过发散推理，将思路扩展到送报人、邮递员、送奶工这些人选上，因为他们也经常与受害人打交道，有可能利用老人对自己不太防备的心理作案。但是这几个人中哪一个人才是真凶，却并不好判断。唐纳德先生将目光集中在报纸、信件、牛奶这些不起眼的线索上，用发散思维去思考，结果就会想到：送报人和邮递员都不知道老人已经死去的事实，所以他们仍然每天按时来送报纸、送信，而送奶工的行为却非常可疑，因为门口只有过期的牛奶，可见送奶工从几天前就突然不再为老人送奶，而且毫不担心会受到投诉，这就说明他早就知道老人死去的事情，那么很有可能就是他杀害了老人。

从这个案例我们也可以看出，发散推理就是不要局限于已知的线索和表面的案情，而是要大胆地展开想象的翅膀，让思维向四面八方发散，把能想到的事情都要思考到位，把能看到的细节都要研究清楚。总之，只要是对解决问题有帮助的任何线索，我们都要敢于去思考和分析，千万不要因为自己的想法过于离奇、过于夸张而停止伸出思维的“触角”。

与其他推理方法相比，发散推理具有如下这些特点：

1. 更加注重思维的自由发挥

发散推理要求我们发挥思维的主观能动性，不要人为设限，而是要主张自由发挥，特别是要克服脑海中自我设置的僵化的思维框架，要积极地选择按照更多的新的方向来展开思考，这样才能够在尽可能短的时间内生成尽可能多的思路，并有可能从中找到解决问题的关键思路。

2. 不急于判断想法的对错

一般我们在进行推理的时候，总是主张严谨、准确，避免出现失误。而在用发散推理法解决问题的时候，却不能够急于做出判断，否则很有可能会让思路受阻。因此，我们要做的是努力发散思维，并随手记录，在这个过程中，哪怕再不合常理的想法也要记录下来。等到思考的阶段终结，我们再将所有的想法汇集在一起，然后逐个评价其合理性，往往就能找到最符合的答案。

3. 多做反其道而行的思考

很多问题之所以会让人们感觉困扰，常常是因为大家都按照约定俗成的规则或每个人都很熟悉的方法去进行推理，导致局面难以得到突破。而发散推理法要求我们故意“反其道而行”，想出不同于他人的方法或观点，这种独特的推理方法有时显得“离经叛道”，但却常会“歪打正着”，让高难度的问题迎刃而解。

此外，发散推理还具有多感官性的特点。比如，我们在解决问题的时候不光要用视觉、听觉去接收信息，还要充分利用其他的感官如嗅觉、味觉、触觉等去找到更多别人发现不了的信息，这样才能够提升思维的宽度和广度，使我们的发散推理能够获得更加理想的效果。

突破固有思维，让想象力大显身手

想要成功运用发散推理法，就要学会突破自己的固有思维，而这也是一般人和推理能力卓绝的破案专家之间的一个重要区别。

通常情况下，在认识同一个问题的时候，很多人会按照自己过去的经验和记忆去进行处理，在他们的脑海中，仿佛已经有了一种固有的思维模型，使得他们会自然而然地产生一些常规性的想法，做出一些按部就班的举动。这样或许不会出现大的错误，可也会让思维的灵活性和独特性大受影响，如果遇到疑难问题或是某些从未见过的情况，就会出现束手无策的情况。但那些优秀的破案专家却不会受困于固有思维，他们在推理中最喜欢做的事情就是打破思维的“墙”，让发散的思维引领自己在侦破工作中大显身手，也让我们更加佩服他们敏锐的思考力和细致入微的观察力。

在下面这个案例中，一位侦破专家就表现出了强大的发散推理能力，想到了一般人无法想到的答案：

一个推理网站举办了一次有奖问答比赛，这次比赛的内容由10道题目组成，每一道题目都是一个高难度的疑案谜题，能够答对10道题目的人就能够获得网站提供的1万元现金大奖。

在奖金的诱惑下，参加比赛的人数越来越多，可是能够答对题目的人却不多。在比赛的进行中，绝大多数人都被淘汰了，只有少数几人有幸答对9道题，但是到第10题的时候，就连这几位推理高手也不得不承认无能为力。这道题目是这样的：“在一片干燥的大沙漠上，有一个男人一丝不挂地躺着，已经停止了呼吸。在他的手中，紧紧捏着半根没有燃烧过的火柴，周围还散落着一些行李。除此以外，再也没有其他脚印之类的痕迹。那么男人的死因是什么呢？”

对于这道题目，大家挖空心思，想出了各种各样的答案，有的说此人肯定是渴死的，但无法解释他为什么要把火柴捏在手里；有的说此人是被沙漠里的盗匪杀害的，但无法解释为什么行李还在身边，周围也没有脚印；有的说此人想要用火柴点火求救，但又无法解释他为何会一丝不挂……就这样，比赛到了最后一天，这道题仍然没有得到解决。一位参赛者小韩不甘心失败，就去向自己的好朋友、在本市刑警队工作的小宋求助。小宋思考再三也没有得到答案，只好去请教自己的师傅——刑警老关。

老关拿到题目后觉得很有意思，思考了一阵子后，他在纸上写下了这样的答案：“此人可能与另外几个人乘坐热气球在沙漠上空旅行，不料在飞行途中出现燃料的问题，为了安全航行只能减轻热气球的载重量，否则就有坠毁的危险。一开始他们扔下了行李，但效果不佳，只好又脱下了身上穿着的衣服，一并扔了下去。然而热气球仍在下坠，无奈之下，他们只得采用抽签的方法决定扔下一人。此人非常不幸，抽到了最短的火柴，所以被其他人扔了下来，这就是他裸死沙漠的原因。”

小宋看到答案之后佩服得五体投地，他赶紧把答案告诉了小韩。小韩刚开始还觉得不可思议，等他将答案上传到网站上，被判定为“正确”的时候，才由衷地佩服老关的发散推理能力实在是太强大了……

为什么老关能够根据非常有限的信息想到这样听上去十分离奇的答案呢？原因就在于他能够打破固有思维的限制，充分发挥自己的想象力，将“死者一丝不挂”“散落的行李”“半根火柴”“周围没有脚印”等因素结合在一起，找到了一个最合理的情境——空难。而那些在这道题目上败北的人却受到固有思维的影响，觉得人既然在沙漠中死亡，就肯定要从沙漠环境着手寻找可能的死因，结果只能是一无所获。

这个案例也提醒了我们遇到解决不了的问题，找不到前进的方向时，就要打破固有的思维方式，用发散推理的办法及时转换思路，只有这样，我们才能逐渐找到成功的可能。

那么，我们应当如何打破固有思维，提升发散推理能力呢？以下这几点是破案专家们的经验之谈，非常值得我们在平时的工作和生活中学习和借鉴：

1. 充分发挥自己的想象力

想象力对于发散推理来说是一种不可缺少的能力，我们要在已有的线索的基础上，大胆想象，在脑海中构造出全新的画面。比如，在面对同一个现场时，有经验的破案专家能够想象出 10 种以上的可能的犯罪情形，然后再根据线索一一排除掉不合理的犯罪情形，这样破案的概率就会提升很多。我们也可以将这种方法应用于自己的日常工作或学习中，只要大胆想象，就能找到创造性地解决问题的好办法。

2. 对于同一个问题不要满足于标准答案

对于同样的问题，有很多人容易满足于标准答案。有的时候，哪怕标准答案与自己的想法有所出入，他们也懒得去思考“为什么”，这反映出的是一种思维的惰性，很容易让自己在固有思维中越陷越深，也就难以培养用发散思维来推理和解决问题的好习惯。因此，我们应当时刻告诉自己：事物是复杂多变的，标准答案不一定是绝对准确和永恒不变的真理，所以标准答案哪怕有一丝值得怀疑的地方，我们也应该换个角度去思考一番，看看有没有更符合要求的答案。这样长期锻炼下去，就能够逐渐摆脱固有思维的束缚，发散推理的能力也会得到提高。

3. 敢于打破常规、探究未知

在进行发散推理的时候，我们要学会跳出常规思维，从全新的角度看待问题。比如，解决一个问题的思路受阻，那就要马上转换为另一种思路，由此可以化被动为主动，化不利为有利，最终找到解决问题的办法。这种打破常规的精神不仅在侦查推理时十分重要，在我们平时的生活、工作、经营中也是不可或缺的。比如，有一位老板在公路边开了一家餐馆，本来想着来往的车辆众多，前来就餐的顾客也不会少。哪想到那些车辆就好像没有看见这家餐馆一样，不停地飞驰而去，却很少有人停车光顾。老板开始思考该怎么吸引顾客，他尝试过很多办法：改善过装修，设计过灯牌，对菜品、菜价也进行了多次调整，可是效果都不理想。后来他打破了常规思维，大胆想象，在自己的饭店附近建起了一个高档的公共厕所，还在外面加上了显眼的标志。结果很多司机到了此地都会下车如厕，其中很多司机也会很自然地走进餐馆，餐馆的生意也就越来越好了。

4. 不要迷信权威，要大胆地质疑

发散推理法的成功离不开活跃的思维，而这需要我们在认知和分析问题的时候不能过于死板，更不能迷信所谓的权威，否则不但会让自己的思维受到限制，还会变得不再自信，不敢发表正确的意见。因此，如果我们觉得权威的观点或意见有不合理的地方，就要大胆质疑和反驳，这样可以开发自己的思维，保持思维的敏捷、周密、活跃，推理的能力才能更上一层楼。

当然，在不迷信权威的同时，我们也不能过于自负，不要总觉得自己的想法永远是正确的，这其实也是一种自我设限，会让思维失去活力。所以我们也要养成多多反省的好习惯，对自己原有的结论要不断思考，看看是否确实合理，还有没有可以完善的地方。长此以往，我们的想象力、判断力、思考力都会不断提升，发散推理的能力也会越来越强。

绘制思维导图，让发散的思维可视化

在进行发散推理的过程中，随着我们思考的一步步深入，思维的界限被逐渐打破，许许多多的观点、创意、灵感都会不断涌现出来。这时为了尽可能地捕捉到这些珍贵的思维成果，我们不妨用“思维导图”来帮助描

述和记录自己的想法，让发散的思维变得形象化。

思维导图也是破案专家们在进行发散推理时经常采用的工具。在下面这个经济案件中，思维导图就在专案组成员厘清案情、帮助推理时发挥了非常重要的作用：

2018 年，江苏省某镇一个财政所的副所长刘某因为涉嫌严重违纪违法被警方刑拘。在警方调查期间，刘某虽然表示会配合警方的工作，认真交代自己的犯罪事实，但由于一些账目年深日久，已经无从查对，而且刘某自己对于多年前的一些账目来往的记忆也已经不太清晰，导致每次交代的事实都有出入，给警方的调查取证工作造成了不少困难。

在反复进行了多次对账之后，专案组的罗警官建议用“思维导图”来帮助调查和推理，这个意见也被专案组组长接受了。于是大家不再纠结于个别细节是否正确，而是鼓励刘某尽量多交代事实，然后大家将记录下的所有内容整理、分析，并通过发散推理法制做出多达数十页的案情分析报告。之后罗警官等几名警察将这些报告制成了 30 余张思维导图，通过研究和对比导图，许多重复冗余的资金来去项目得到了简化，最后呈现在树状图上的是每一笔资金的清晰来源。与此同时，案件中值得关注的疑点也一一显露了出来。这下专案组的调查方向就变得清楚了很多，组长根据“思维导图”中最重要的疑点给成员们分配了不同的任务，大家集中火力进行调查取证，很快就掌握了主要案情和重要证据，大大提升了工作效率。

在这个案件中，思维导图成了厘清案件脉络、加速案件侦破的关键工具。同样的，如果我们遇到非常复杂的问题，在面对数量庞大、毫无条理的线索的时候，也可以用思维导图来帮助我们进行发散推理，它可以让我们在思考和推理时发现之前从未注意到的关键点和各个线索之间的联系，有助于突破“瓶颈”、找到问题的关键。

至于思维导图的绘制方法，则要注意掌握以下几点原则：

1. 确定思维的中心主题

思维导图一般包括中心主题、连接线条、各级分支这几个重要部分。其中中心主题就是我们进行发散推理的思维中心，也是所有思维诞生的“原点”。在绘制思维导图的时候，我们必须首先确定中心主题，这样就能够保证自己虽然是在做天马行空的思考，但却始终不会偏离主题太远。

比如，破案专家在进行案件推理时，可能会把死者、嫌疑人、死因以及其他一些重要的物证作为中心主题，然后由此进行“发散”，去搜集尽可能多的信息，产生尽可能多的想法。而我们平时进行发散推理时，也要采取这种做法。比如，要思考的问题是“如何提升销量”或是“如何提高成绩”，那么中心主题就可以定为“提升销量”“提高成绩”。我们可以取一张白纸，在整张纸的中心位置写下这个中心主题，之后所有的思考和推理工作都要围绕中心主题来展开。

2. 通过发散思考画出尽可能多的分支

在确定了中心主题后，我们不要让自己的思维受到约束，要尽可能地放松自己的大脑，去大胆地思考和想象，然后围绕中心主题画下众多的分支，其中大的分支下面还可以进行分级。

这个过程要注意快速、果断，千万不要有所犹豫，否则就会抓不住瞬间闪现的灵感，那么发散推理的效果就会受到影响。另外，在加入分支的时候，我们要注意不要把每个分支画得过大，这样才能留出足够的空间，以便在思考过程中随时增添新的内容。

3. 整理分支内容，进一步厘清思路

在初步的思维导图完成之后，我们可以整理一下各个分支的内容，将一些重复的或彼此矛盾的分支删除。对于剩下的分支，我们还要寻找它们之间的关系，并且可以用粗细不一的连线、颜色和形状各异的标记来区分它们的重要性。其中一些特别重要的分支我们还可以采用图形来进行标记，这样能够自动地吸引眼睛和大脑的注意力，有助于触发更多联想，对于灵感的产生很有帮助。

引入头脑风暴，收集更多灵感

采用发散推理法解决问题的时候，我们要保持一种开放的心态，除了要动用自己全部的思考力，尽情发散思维，再用思维导图来辅助推理之外，还要调集身边的资源，采纳他人的创意，采用“头脑风暴”的讨论会的方式收集更多灵感。这样的做法能够避免个体思考的局限性，并能够创造出一种自由抒发的氛围，因而常常能够激发出更多的创意和灵感，可以让问题找到更加理想的解决思路。

在下面这个案例中，一桩离奇的杀人案就是通过“头脑风暴法”找到了突破口：

2009 年，河北省某县一个小山村里发生了一起离奇的案件。在村里的一口水井中，有人发现了一具被捆绑、包裹得严严实实的尸体。在接到报警后，警方迅速赶到现场，将尸体打捞上来。法医对尸体进行简单的检查后，发现是一名年逾 80 岁的老太太，死亡时间不超过 12 小时。令人奇怪的是，在尸体的肩膀斜后方插着一只很细的绿色空心塑料软管，外面还包着一层纱布。

警方经过排查后，确认死者不是该村人，很有可能是被凶手移尸到此处。但是水井边人来人往，现场早就被村民无意中破坏了，警方难以发现有力的线索去追查真凶，再加上那个奇怪的塑料管也不知道有什么用途，虽然有刑警通过互联网查找了一番，也没有找到答案，所以侦破工作一时难以推进。

刑侦支队的李队长召集了一些民警、法医以及技术支队的工作人员，在一起开了个“头脑风暴”会议。在会议上大家各抒己见，对本案提出了很多想法。有人说老太太可能是被人毒死的，塑料管就是作案工具，但法医对此表示了否定，经过化验后，可以肯定塑料管是中空的，其中不含任何毒素。又有人说塑料管可能是死者与凶手搏斗时不小心插在颈部的，但这个观点也遭到了李队长的否定，因为管子插下的位置非常巧妙，避开了血管和其他重要部位，而且外面包裹的纱布也非常精心。

正在这时，一位年轻的刑警小赵突然说：“我觉得塑料管不是用来害人的，而是用来治病的。”话一出口，大家都不禁笑起来，觉得小赵的想法非常奇特。但李队长的表情却变得严肃起来，他让小赵把自己的想法解释一下，小赵不好意思地说：“我老家也在农村，我们那边有些老人，特别相信那些土大夫的偏方，根本不去管有用没用。你们别看这个塑料管不起眼，搞不好就是用来治病的。”

李队长认为小赵说的有道理，便安排大家按照这个思路去周围的几个村子排查，看看有没有“土大夫”使用过类似的方法治病。结果在距离案发地十几里外的一个村子找到了这样一名游医，他经常用这种方法帮人“疏通经脉”，虽然没什么疗效，但因为诊疗费低廉，所以吸引了不少老年人上门求医，老太太就是他的病人之一。

按照游医提供的线索，刑警终于查到了老太太的身份，也确定了几名嫌疑人。没过多久，案情就水落石出了，原来老太太年事已高，又有很多慢性病，需要家人贴身照料。她的儿子、儿媳不愿意赡养老人，还常常和老人争吵。一天夜里，一家人又发生了争执，儿子和媳妇索性将老人闷死，再用绳索、塑料布捆扎好，趁着夜深人静，用三轮车运到十几里外的村子，丢进了水井中。他们自以为不会被人发现，没想到却因为一个小小的塑料管而被警方识破了伎俩，迎接他们的将是应有的法律制裁。

在这个案例中，我们可以看到，刑警们通过“头脑风暴法”解开了让人费解的“塑料管之谜”。在这种头脑风暴讨论会上，通过全体参会成员各抒已见，能够激活参会每个人的创造力和发散思维，因而可以使案情逐渐摆脱“瓶颈”状态。

我们在工作和学习中经常会遇到思维受阻的情况，而且依靠个人“闭门造车”也难以突破的时候，就不妨试一试“头脑风暴法”，借助群体智慧迅速获得大量的新思路和新创意。这种情况恰如爱尔兰剧作家，诺贝尔文学奖获得者萧伯纳的描述：“倘若你有一个苹果，我也有一个苹果，而我们彼此交换，那么，你和我仍然是只有一个苹果。但是，倘若你有一种思想，我也有一种思想，而我们彼此交流，我们每个人将各有两种思想。”

当然，“头脑风暴法”想要达到理想的效果，也需要遵循一定的原则，以下这两点就是我们需要特别注意的：

1. 不要立即对他人的想法或结论做出评判

在召开“头脑风暴”会议的时候，所有参会的成员都应当明确一点：“不要急于发表你对他人想法或结论的评判意见。”哪怕有的成员发表的想法听上去有些幼稚好笑，甚至是有些荒诞离奇，我们都不应当马上站起来说：“你的结论一点意义都没有。”因为这种做法是“头脑风暴法”的大忌，它会让与会人员因为害怕受到批评而三缄其口，不敢说出自己的灵感和点子，如此一来，“头脑风暴法”也就失去了应有的意义。

事实上，有的时候听上去有些怪异的想法未必就真的没有价值。就像在本节案例中，大家都在讨论塑料管作为凶器是如何对人体造成伤害的，可是刑警小赵却结合自己的实际成长经验，展开了想象力，提出“塑料管可能是治病工具”的结论。这个结论一开始让人觉得有些荒谬，但通过深入探讨后，大家就会发现这才是解决问题的关键。由此可见，在“头脑风暴法”中产生的任何想法都是宝贵的，都值得认真对待，所以我们不能急于否定或批评他人的想法或结论，而是应当将所有的评判工作留到“头脑风暴”会议的最后阶段去做。

2. 先不要计较意见的质量，而要注重数量

为了激发参会者大胆想象和积极推理的热情，我们应当鼓励他们通过“头脑风暴法”贡献尽可能多的意见，而不要先考虑这些意见是否能够具备一定的“质量”。这是因为“头脑风暴”更关注灵感和创意的产生，往往那些第一时间在脑海中浮现出的想法就是最有价值的想法。但如果我们非要在质量上提出要求，那就会让参与者的思维受到限制，会对灵感的诞生产生不利影响。

所以我们在参加“头脑风暴”会议时，一定要抓紧时间进行发散思考，尽量多提想法，如对于同一个案件可以提出十几种甚至更多的想法，等到所有人都已经彻底地发挥想象力之后，再开始对这些数量众多的想法逐一分析、检验，以便从中发现具有可行性的好方法。在这个过程中，如果我们发现了标新立异但细节却不够完美的好点子，还可以鼓励所有参会者一起来进行补充、综合、完善的工作，如此才更能发挥“头脑风暴法”对发散推理的积极作用。

第二节　没有脚印的凶手

案件回溯

一位巴拿马富翁带着几个保镖，到自己的私人海滩晒日光浴。因为不想被保镖打扰，富翁躺在沙滩椅上，对着保镖们挥了挥手，几个保镖马上走到了远处。

在两个小时后，一位保镖走近巡查，忽然发现了十分恐怖的画面：原本罩在富翁头顶上的太阳伞竟然变成了凶器，尖利的伞尖深深地刺进了富翁的心脏，而富翁还没来得及发出一声呼救，就停止了呼吸。

富翁平时有不少对头，保镖们顺理成章地认为这是一起谋杀案，他们立即报了警，并小心地保护好现场。没过多久，当地著名的破案专家——探长戈麦斯匆匆赶来，他仔细地观察了现场环境，惊讶地发现在死者周围的沙滩上竟然没有其他人的足迹，那么凶手是如何来到死者身边，并用这么残忍的手段杀害死者的呢？

戈麦斯先生站在海滩上思考了几分钟后，忽然有了一个灵感，他对保镖们说："我知道谁是凶手了。"

那么，你猜到戈麦斯先生的答案了吗？

推理分析

在这个案例中，无论凶手是任何人，哪怕他的体重再轻，也不可能不在沙滩上留下任何痕迹，更不可能在几名保镖的监视下来去自如。所以戈麦斯先生采用了发散推理法，想到了一个没有脚印的“凶手”——海风。这个答案看似荒谬，但却最符合真相。因为海风有的时候非常强烈，能够吹翻太阳伞，不幸的是倒下的伞尖刚好刺中了富翁的心脏。所以富翁并非死于谋杀，而是死于一场海风引起的意外事故。

第三节　逃脱的抢劫犯

案件回溯

在一个炎热的夜晚，刑警小郭正走在回家的路上，忽然听见不远处有一家便利店里传来了叫喊声：“救命啊！有人抢劫啊！”

小郭以最快的速度冲了过去，不过还是比歹徒慢了一点，只见两个身材高大的男子一个穿着黑色上衣，一个穿着灰色上衣，从便利店里夺门而出，向着远处跑去。

歹徒有两名，小郭决定先抓住其中一人，再想办法抓捕另外一人。他发现穿灰色上衣的歹徒跑动速度略慢，就集中精力跟了上去。几分钟后，小郭追上了灰衣歹徒，他一把将对方按倒在地，然后取出随身携带的手铐，铐住歹徒的右手腕，又锁在街道边的一根路灯柱上。确保歹徒无法挣脱手铐后，小郭毫不犹豫地继续飞奔着去追穿黑色上衣的歹徒了。

不一会儿，小郭押着黑衣歹徒往回走，同时没有忘记给局里打个电话，好找一名同事帮自己押送这两名歹徒。没想到还没走到路灯柱时，小郭就远远地看见有个人影正向远处逃窜，这不是那个穿灰衣的歹徒吗？小郭明明把他锁在路灯柱上，他是怎么成功逃脱的呢？

推理分析

穿灰衣的歹徒能够摆脱手铐的束缚，显然不是因为他会某种超能力，或是懂什么缩骨功，我们不妨用发散推理法来思考这个问题，多想想潜在的可能性。这样很容易就会发现有一种非常简单的情况能够让歹徒逃脱，那就是他的右手是假肢。所以他只要摘下假肢，就可以轻轻松松地摆脱手铐了。

第四节 动物园里的失窃案

案件回溯

加拿大多伦多市的动物园里发生了一起神秘的失窃案。警方赶到现场的时候，发现动物园里一片混乱。原来关着几头大猩猩的笼子不知道怎么被人打开了，大猩猩都从笼子里逃了出来，在动物园里制造了不少混乱。好不容易等到工作人员制服了这些大猩猩后，警方才了解到，失窃的是动物园的财务室，里面有 5 万多加元的现金不翼而飞，而这笔钱本来是打算添置一些设施和购买动物饲料的。

几名警察勘察了现场，在存放现金的柜子外面提取到了几枚指纹。有了指纹，警察们觉得压力小了不少，他们将所有的员工集中到一起，进行了指纹比对，认为很快就能够找到嫌疑人。然而结果令人失望，动物园六十多名员工的指纹竟然都与嫌疑犯的指纹不匹配。

警长夏特纳先生对于这个结果也觉得非常疑惑，他从一开始就认为这个案子应该是内部人士所为，因为这家动物园的财务室一般不会保存大量现金，所以只有对内部流程非常熟悉的人才会挑选这么精确的时间作案，而且被意外放出来的大猩猩也是一个疑点。想到了大猩猩，警长恍然大悟，他指着员工中的一人说："他就是嫌疑人！"

你知道警长是怎么找到嫌疑人的吗？

推理分析

在犯罪现场发现了指纹，人们很容易从常规角度出发，去根据指纹寻找作案的"人"。但是警长却深谙发散推理法，他想到了大猩猩其实也是有指纹的，而嫌疑人恰好也是利用了这一点，训练大猩猩帮自己偷走现金，那么很显然他就是大猩猩饲养员。他的作案手段不可谓不巧妙，但却瞒不过破案专家锐利的双眸。

第五节　不在场证据

案件回溯

在一个星期天，日本侦探田中先生和自己的家人去饭店吃寿司。田中先生一家坐在卡座里，离他们不远的地方是一个包间，门紧闭着，里面似乎有一对年轻的男女，两人响亮的谈笑声不时透过薄薄的板壁传出来。

过了一会儿，包间的门"刷"的一声被拉开了，一个男子走了出来，又快速地把门合上。出于职业习惯田中先生注意到了这个细节，他还听见包间里的女子喊了一声："亲爱的，快点回来！"而男子也回应了一句："好的，我很快就回来。”

大概 10 分钟后，那名男子从洗手间的方向走来，他拉开包间的门，向里面看了一眼，接着发出了一声惊叫：“美惠子！你怎么了？”

田中先生反应很快，他马上站起来，走到包间门外，顿时看到了一幅可怕的画面，只见一名女子仰面靠在座位上，一把匕首深深地插入了她的胸口，涌出的鲜血已经有些干涸了。

见男子正准备冲进去，田中先生赶紧拉住了他，对他说道：“请不要冲动，我们应当保护好现场。”接着，田中先生给相熟的警官打了电话，告知了他们事发地点。在等待警察到来的这段时间里，田中先生的大脑高速运转起来。他想：包间里只有男子和女子两人，中途也没有他人进入，如果女子不是自杀，那么有机会杀死她的只有这名男子。可是刚才自己明明听到男子出去的时候，女子还在讲话，那说明那时候女子还活着，男子就有了不在场的证据。难道这名女子真是自杀吗？

几分钟后，警方赶到，通过法医的鉴定，排除了自杀的可能。看来男子的嫌疑很大，那么他是怎么做到让自己“不在场”的呢？田中先生苦苦思索着，突然，他猛地一拍额头，大声说：“我明白了！”

你知道田中先生想到的是什么答案吗？

推理分析

田中先生没有拘泥于表面的案情，而是跳出了常规思维，利用发散推理想到了一个一般人想不到的问题——因为他一直没有看到那名女子，所以能够证明女子活着的唯一证据就是她的声音，但声音是可以伪造的。男子完全可以事先骗取女子的信任，用手机或其他录音设备偷偷录下那句关键性的“亲爱的，快点回来”，再设置成定时播放。然后他杀死女子，走出包间，这时候设定好的录音就会自动播放，如此就可以为他制造一个不在场的证据了。

第六节　奇怪的毒杀案

案件回溯

马先生是一家外贸公司的老板，平时工作非常繁忙，闲暇时也要忙着与生意伙伴应酬。这一天，他受到朋友陈女士的邀请去参加一个酒会。在酒会上，马先生一面与各色人等攀谈，一面享受各种美食，其中包括一些新鲜水果、几种海鲜和少量甜点。在酒会气氛最好的时候，久违的朋友何先生也从外地赶来了，他对待别人都很冷淡，唯独对马先生特别热情，一见到他就亲切地与他握手；稍后，在一位朋友张先生的鼓动下，马先生喝下了半瓶威士忌、一杯红酒；另一位朋友李先生也带来了自己托人从巴西购买的上等雪茄烟，马先生分享到了一支。

没想到抽完雪茄不到半个小时，马先生突然倒在了地上，耳朵、鼻子、嘴巴也流出了发黑的血液。在场众人一片慌乱，等有人反应过来打急救电话的时候，马先生已经停止了呼吸。

稍后，警方匆匆赶来，他们确定马先生是中毒而死。之后他们详细地审问了在场诸人，并将重点怀疑对象定为三人，分别是邀请马先生参加酒会的陈女士、一直对马先生劝酒的张先生和送雪茄烟给马先生的李先生。然而这几人坚称自己是无辜的，而法医对剩余的菜肴、酒水、雪茄、餐具等进行了化验，也没有提取到残留的毒素。最后还是警察老徐想到了一个可能，才找到了真凶，也弄清了他下毒的方式。

你知道老徐想到的是什么答案吗？

推理分析

对于在酒会上的中毒案件，人们可能很容易会想到凶手会在食物、酒水等能够被食用的物品上下毒；又因为马先生是在抽完雪茄后不久才毒发身亡的，所以也有人会很自然地想到凶手在雪茄中下了毒。这些其实都是常规思维，对于解决本案并没有帮助。想要找到真正的线索，就要像刑警老徐一样进行发散推理，想到皮肤接触也能传递毒素，所以凶手就是只和马先生握手却不理他人的何先生。

何先生事先在自己的手掌上涂抹了剧毒的药物，马先生与他握手后，手上沾染了毒素，之后再用这只手取食东西、抽雪茄烟，就会让毒素进入口腔，进而会引起中毒，而这就是这桩毒杀案的真相。

第七节 失踪的百万遗产

案件回溯

汤姆是一名颇有名气的私家侦探，他经常为人们解决一些疑难案件。有一天，一位年轻女士慕名来访，她请求汤姆帮她寻找叔父的遗产。

汤姆惊讶地问：“遗产还用找吗？你的叔父有没有保险箱、存折、股票、房产什么的？”女士叹了口气说：“没有，什么都没有。他在遗嘱中说要留给我 100 万美元，可是他去世后，我翻遍了他家，也没有找到任何有价值的东西，就连他住的房子也是租别人的，已经被屋主收回。并且他是一个非常奇怪的人，从来不去银行办理任何业务，我可以肯定他的银行户头里没有哪怕 1 美元的存款。”

汤姆更加纳闷了，他想了想，问女士："请把遗嘱拿给我看一下。"

女士打开了手提包，从里面拿出了一只破旧的信封，信封的一角贴着一张皱巴巴的邮票。汤姆打开了信封，拿出了遗嘱，看了半天也没看出所以然来。

女士的脸上渐渐露出了失望的表情，她叹着气说："连您也找不到答案吗？难道我叔叔只是在跟我开玩笑吗？"

"等一等，"汤姆突然叫了一声，他将信封举起来，放在台灯下仔细端详了起来。几分钟后，他笑着对女士说："恭喜你，我找到你叔父的遗产了！"

那么，你知道这笔遗产究竟在哪里吗？

推理分析

提到遗产，大多数人会马上想到现金、存款、股票、房地产、珠宝、古玩等，但实际上，具有极高价值、能够成为遗产的东西并不只限于此。用发散思维去推理，我们就能够像汤姆一样，发现那只信封上的邮票很不一般，它其实是一枚非常珍贵的邮票，价值可能高达一百万美元，所以叔父说要送百万遗产给自己的侄女并不是一句空话，只是要找到这笔遗产却需要拥有发散思维和敏锐的眼光。

第八节　是什么引爆了天然气

案件回溯

一天夜晚，美国休斯敦的一所民居发生了天然气爆炸事件，爆炸几乎将一幢二层小楼摧毁殆尽，附近的几所民居也受到了不同程度的影响。幸好消防员快速出动，将大火扑灭，才避免了更加严重的损失。

事后，消防员进入了火灾现场，在废墟里发现了屋主怀特先生的尸体，老人已被大火烧得面目全非。消防员又检查了天然气管道，发现了一个非常明显的泄漏点。不过令消防员感到奇怪的是，在爆炸发生前，天然气肯定已经弥漫全屋，怀特先生怎么会没有闻到异味呢？这时，一个邻居用惋惜的语气说："老先生年轻时头部曾经受过外伤，嗅觉失灵很多年了。"消防员这才明白了悲剧发生的原因，可是一个新的问题又出现了，消防员在屋内没有找到明显的着火点。事故发生时，怀特先生没有使用厨房的明火，他也没有抽烟的习惯。消防员连整栋房屋的电路都排查过了，也排除了漏电起火的可能。那么，到底是什么引起了天然气爆炸呢？

事有蹊跷，消防员便把调查的结果告知了警方，由警方来处理这个案件。警方通过调查，注意到了一个有重大嫌疑的人——怀特先生的儿子本杰明。

本杰明是一个地道的花花公子，为了满足自己的奢欲，他不停地向父亲要钱，也让怀特先生伤透了脑筋。邻居们经常看到父子两人在门口争吵不休的画面，有一次，本杰明竟然在盛怒之下将父亲推倒在地，害得老人小腿骨折，治疗、休养了几个月后才能勉强走路。

警方认为本杰明有充分的杀人动机，因为怀特先生手头还有一些存款和股票，本杰明为了提早继承财产，很有可能对老人下此毒手。可是警方在审问本杰明的时候，他却立刻拿出了不在场证据："我昨晚在'珍妮花'夜总会和朋友一起喝酒，至少有 10 个人可以为我作证。对了，我中途还给我父亲的手机打了一次电话，你们可以去查查通话记录。怎么样，这些证据够不够洗清我的嫌疑？"

负责此案的沃伦探长听完本杰明的陈述后恍然大悟，他对下属的警官说：“我可以确定，本杰明就是此案的凶手。”

你知道沃伦探长为什么如此肯定本杰明就是凶手吗？

推理分析

天然气在封闭空间内的空气中达到一定比例后，遇到明火、火花就会被引爆。一般我们马上会想到厨房的明火、吸烟点火、电线短路打火等原因都可能引爆天然气，不过这都属于常规思维的范畴，如果用发散思维去思考，我们就会发现接听、拨打手机也会产生看不见的静电火花，很有可能引起天然气爆燃。

而本杰明就是利用这一点杀害父亲的，他精心策划了这一场阴谋，先偷偷破坏了怀特先生家的天然气管道，然后去夜总会制造不在场证据。他对父亲失去嗅觉这一点非常清楚，不担心怀特先生会提前发现天然气泄露，直到他估计天然气已经布满全屋了，就拿起了手机拨打父亲的手机。在怀特先生接听手机的一刹那，静电火花就引起了天然气爆炸。就这样，本杰明成功杀害了父亲，还制造了不在场证据，不过虽然他的计划非常周详，却还是被擅长推理的沃伦探长看出了端倪。

第九节　用口红写下的字母

案件回溯

美国得克萨斯州的一所农场发生了谋杀案。农场主的女儿，20 岁的少女温蒂被人残忍地射杀在卧室中，她的首饰、手机和一些财物也被凶手抢走了。警方在检查现场的时候，发现墙壁上有两个匆匆写下的红色字母“NW”，而温蒂就倒在这面墙的旁边，法医还从她手中发现了半截口红，看来这两个字母就是温蒂留下的线索。

警方马上想到“NW”很有可能是凶手的姓名缩写，于是他们立即向农场主要来了工人的名单，并从中查到了一个叫尼尔·伍德曼（Neal Woodman）的名字。警方正准备讯问此人，没想到农场主自己连连摇头说：“不可能，不是他。”原来伍德曼是一个年过70岁的老人家，平时走路都颤颤巍巍，根本没有作案的能力。

这下警方的线索中断了，他们翻遍了名单，再也找不出一个名字为“NW”的人。就在大家为本案发愁的时候，一位警官突然想到了一个问题，然后他又读了一遍名单，终于找到了一个可疑对象。警方立即控制了此人，在对他进行讯问后，他不得不交代了全部的犯罪事实。

那么，你知道警官是怎么从名单里找到此人的吗？

推理分析

根据人们的惯性思维，总是习惯从上到下认读字母，可是警官却通过发散推理想到了一种可能：如果受害人被凶手逼到了墙壁前，那么她就是背靠墙壁站着，这时她倒转手腕，用手中的口红偷偷在墙上写下的字母是颠倒的。所以警官们看到的虽然是“NW”，但受害人想要写的却是“MN”，也就是说，警官要找的是姓名缩写为“MN”的人，他才是真正的杀人凶手。

第十节　不告而别的未婚夫

案件回溯

克莱尔是一位美丽的美国女孩，她出生在一个富裕的家庭，父母也对她疼爱备至，让她觉得非常幸福。可惜在她20岁的时候，因为意外事故导致了双目失明，从那以后她变得沉默寡言，终日坐在卧室里发呆，这让她的父母十分担心。

为了让克莱尔摆脱心中的阴影，她的父母给她创造了很多机会，让她外出与人打交道。在一个社交舞会上，克莱尔遇到了一个让她动心的青年大卫，她虽然看不见大卫的样子，但还是爱上了他幽默风趣的谈吐。

没过多久，克莱尔与大卫陷入了热恋中。克莱尔几次想把大卫介绍给自己的父母，都被大卫拒绝了。大卫说自己只是一个穷小子，害怕会被克莱尔的家人瞧不起。不但如此，大卫还拼命劝说克莱尔与自己私奔，到外地去过自由自在的生活。

克莱尔听从了大卫的安排，偷偷回家收拾了一些贵重的珠宝首饰，还有父母平时给自己留下的零花钱，就准备和大卫一起乘坐游轮离开。

他们非常顺利地来到了码头，在上船的时候，克莱尔听到了船长的问候："美丽的小姐，欢迎您和我们一起展开这段愉快的旅程。"接着，船长对另一人说："本杰明，你负责为这名小姐引路。"于是这对伴侣就来到了预先订好的双人舱房，体贴的大卫建议克莱尔先睡一会儿休息一下，克莱尔同意了。

不知过了多久，克莱尔睡醒了，她很自然地呼唤着大卫的名字，可是舱房内却无人回应。克莱尔从床上坐起来，顺手去摸放着皮箱的床头柜，没想到那里空空如也，皮箱和里面装着的珠宝、现金都不见了。

克莱尔急坏了，她跌跌撞撞地冲出舱房，大声喊道：“来人啊！谁能帮帮我？”船长闻讯赶来，克莱尔问他是否知道和自己一起上船的青年去了哪里。船长却疑惑地说：“你明明是一个人上船的啊。”

克莱尔坚决不信，她不停地说：“这不可能，刚才你还叫一位名叫本杰明的船员带我们去了舱房。”船长无奈，只好叫来了本杰明对质，而本杰明也一口咬定克莱尔是一个人上船的。

就在这时，克莱尔忽然想到了什么，她大喊道“你这个骗子”，就向某人冲了过去。

你知道克莱尔所说的骗子是谁吗？她又是怎么识破这个骗局的呢？

推理分析

对于此案，我们可以利用发散思维来进行推理：为什么人人都说克莱尔是一个人上船，而她自己却坚信是和未婚夫大卫一起登船的呢？难道一个活生生的人会凭空消失吗？这当然是不可能的。

其实这不过是骗子大卫在使用“障眼法”，他误导了船长的思维，让船长将自己与顾客区别开来，不计入顾客的人数中，而要做到这一点，大卫就只能是这条船上的船员，他的真名就是本杰明。所以当他和克莱尔一起上船的时候，船长会很自然地对他发号施令，让他领克莱尔去舱房，而他则不动声色地接受命令，让克莱尔产生错觉，觉得真的有一个水手领着自己和未婚夫去了舱房。等到克莱尔睡熟后，他就拿走皮箱，再回到工作岗位。

至于克莱尔能够识破骗子的真面目，原因也非常简单，主要是因为听到了对方说话的声音。大卫与克莱尔朝夕相处，克莱尔对他的声音非常熟悉，现在他又以水手本杰明的身份出现，声音却是一模一样的，克莱尔自然会注意到这一点。

第十一节　不翼而飞的赎金

案件回溯

一天，企业家徐先生正在办公室处理公务，忽然接到了妻子打来的电话，说儿子在上学的途中被人绑架，现在绑匪想要与徐先生直接联系。

徐先生心中十分焦急，但他还是说服自己保持冷静，然后拨打了绑匪留给妻子的电话号码。在电话中，绑匪要求徐先生将 50 万元人民币放进一个皮箱，然后在晚上 11 点存进火车站的 47 号存物箱中，钥匙就在火车站某卫生间的一个水箱里，徐先生在存完钱后必须将钥匙放回原处。在说完这段话后，绑匪压低了音调，用阴冷的声音说道："只要你乖乖配合我的要求，我就把你的儿子安全地放回来；如果你想耍花样，会有什么后果我就不多说了……"徐先生还想问问儿子的情况，可是绑匪已经挂断了电话。

徐先生考虑了一番，决定还是报警处理。但时间有限，警方也找不到什么有力的线索，只有让徐先生假意配合绑匪去存钱，然后蹲点守候，想要趁绑匪取钱的时候将他抓获。当晚，警方派出了两个小队，一队守候在火车站存物箱附近，一队守候在卫生间附近。很快到了晚上 11 点，徐先生按照要求从卫生间水箱中找到了钥匙，又将装有现金的皮箱存入了存物箱。之后大家一起紧张地等待着，可是时间一分一秒地过去，绑匪却始终没有露面。

到凌晨 4 点的时候，徐先生又接到了妻子打来的电话，说儿子已经安全到家了。在场所有人都十分震惊，警方赶紧搜查了卫生间，发现钥匙还在原处，便让徐先生拿着钥匙去开存物箱，结果却发现里面的皮箱和赎金都不翼而飞了。

绑匪是怎么拿走赎金的呢？警方没有找到答案。徐先生就去询问了一名私家侦探唐先生。唐先生发挥自己的发散思维，想到了一个疑点，接着他去火车站实地调查了一番后，证明了自己的想法。之后，警方按照唐先生提供的线索，成功地抓获了绑匪。

你知道唐先生想到的疑点是什么吗？

推理分析

在这个案件中，人们的思路都被固有思维限制住了，总觉得绑匪一定要拿着钥匙，走到存物柜前打开柜门，才能顺利拿到赎金。但唐先生却会用发散思维去想象绑匪还有拿到赎金的其他方式，如他可以不开柜门从柜子后面拿钱。在走访火车站后，唐先生果然发现这里的存物柜是背对背安置的，歹徒将 47 号存物柜和背后的存物柜进行了改装，使中间的隔板可以随时抽掉，这样徐先生放进赎金后，歹徒很快就从背后的存物柜拿走了皮箱。当然，有条件随意打开和改装存物柜的人只能是存物处的管理员，这就为警方的调查指明了方向，所以他们可以很快地抓获绑匪。

图书在版编目 (CIP) 数据

罪案终结：破案专家的超级推理法 / 周婷著．—北京：中国法制出版社，2019.6

ISBN 978-7-5216-0231-9

Ⅰ.①罪…　Ⅱ.①周…　Ⅲ.①推理—应用—刑事侦查　Ⅳ.① D918 ② B812.23

中国版本图书馆 CIP 数据核字（2019）第 084332 号

责任编辑：孙璐璐（cindysun321@126.com）　　封面设计：汪要军

罪案终结：破案专家的超级推理法

ZUI'AN ZHONGJIE: PO'AN ZHUANJIA DE CHAOJI TUILIFA

著者 / 周婷

经销 / 新华书店

印刷 / 三河市国英印务有限公司

开本 / 710 毫米 ×1000 毫米　16 开　　印张 / 15　字数 / 191 千

版次 / 2019 年 6 月第 1 版　　2019 年 6 月第 1 次印刷

中国法制出版社出版

书号 ISBN 978-7-5216-0231-9　　定价：39.80 元

北京西单横二条 2 号　邮政编码 100031　　传真：010-66031119

网址：http://www.zgfzs.com　　**编辑部电话：010-66038703**

市场营销部电话：010-66017726　　**邮购部电话：010-66033288**

（如有印装质量问题，请与本社印务部联系调换。电话：010-66032926）